启真馆 出品

意识与脑科学丛书

唐孝威 主编

一般集成论研究

（第二辑）

ZHEJIANG UNIVERSITY PRESS
浙江大学出版社

图书在版编目（CIP）数据

　　一般集成论研究 . 第二辑 / 唐孝威主编 . — 杭州：
浙江大学出版社，2017.11
　　ISBN 978-7-308-17175-5

　　Ⅰ.①一… Ⅱ.①唐… Ⅲ.①科学学－研究 Ⅳ.
①G301

　　中国版本图书馆CIP数据核字（2017）第178970号

一般集成论研究 . 第二辑

唐孝威　主编

责任编辑	周红聪
文字编辑	李　卫
装帧设计	王小阳
出版发行	浙江大学出版社
	（杭州天目山路148号 邮政编码310007）
	（网址：http://www.zjupress.com）
制　　作	北京大观世纪文化传媒有限公司
印　　刷	浙江印刷集团有限公司
开　　本	640mm×960mm 1/16
印　　张	15.5
字　　数	216千
版 印 次	2017年11月第1版 2017年11月第1次印刷
书　　号	ISBN 978-7-308-17175-5
定　　价	50.00元

《一般集成论研究丛书》总序

唐孝威

　　脑是自然界最复杂的系统，脑的活动是自然界最复杂的物质运动形式。脑的结构和功能具有许多不同的层次，在脑的不同层次，存在着多种类型和多种形式的集成作用与集成过程。

　　集成和整合两词的意义相同，在英文中都是 integration。集成现象不但在脑的活动中起着重要作用，而且在自然界、科学技术和人类社会中广泛存在。在各种集成现象中，不同层次和不同种类的集成成分，基于它们之间的各种相互作用，集成为不同层次和不同形式的集成统一体，并且在一定条件下涌现出新的特性。

　　2011 年出版的《一般集成论——向脑学习》一书提出，需要创建一个新的学科来研究不同领域的集成现象，特别是研究不同领域中，多种多样的集成作用和集成过程的一般性规律以及它们的实际应用，把这个学科命名为"一般集成论"，它的英文名称是 general integratics。同时把研究各个专门领域中的集成现象、集成规律及实际应用的各种子学科称为各种专门集成论，如工程集成论、教育集成论等。

　　一般集成论和各种专门集成论的研究领域十分宽广，需要许多学科的专家紧密合作，进行长期探讨。浙江大学语言与认知研究国家创新基地一直致力于多学科的实质交叉和学科集成。创新基地将组织不同学科的专家对自然界、科学技术和人类社会的不同领域的集成现象及其应用进行系统的研究。为了开展这方面的学术交流，计划以丛书方式分辑介绍相关的研究成果。欢迎国内外学者参加合作研究，共同促进一般集成论这个新学科及其子学科群的发展。

本辑编者说明

自 2011 年《一般集成论——向脑学习》一书出版以来，"一般集成论"理论受到许多学者的关注。

不同学科的专家指出，目前许多学科的不少研究正处于瓶颈期，而突破这些瓶颈的一个有效方法就是借助其他相关学科的研究，用交叉学科的视角重新审视、分析、探讨这些问题。学科交叉并不是几个学科中原有课题和设备的拼凑，也并不是几个学科的研究人员表面上的组合。实质性的多学科交叉过程是一个集成过程，需要有不同学科的知识集成和技术集成，还要有合作团队的资源集成和管理集成。"一般集成论"的相关理论可以为这些学科的交叉提供理论指导和支持。

在《一般集成论研究》（第一辑）中，作者们分别从生物集成论、神经集成论、心理集成论、人机集成论、语言集成论等五个角度探讨了一般集成论在相关领域的研究和应用。在《一般集成论研究》（第二辑）中我们选录了十四篇稿件，其内容涵盖了经济学、教育学、语言学、心智科学、神经科学五个领域，从多个角度探讨了"一般集成论"的相关理论。

在经济研究领域，《从一般集成论看经济学研究》一文用一般集成论的观点考察现代社会中的经济行为，尝试解决主流经济学理论面临的困境。

在教育研究领域，研究者们指出，运用"一般集成论"的教育观可以有效实施各项教学工作，更好地达到教学目标。有学者认为，不同语言背景的学习者学习英语会采用不同的模型，从"一般集成论"思想出发，认为中国英语学习者的隐喻理解过程更多地呈现出分析型模型来推导英语常规性隐喻的意义（见《中国英语学习者的隐喻理解策略及理解模型建构》一文）。有学者认为，当今课堂教学要解决传统授课形式枯燥乏味等问题，必须引入"一般集成论"相关的理论和方法，如将背景介绍、片段展示、问题讨论、总结概括等多个环节相整合，引导学生的课程学习兴趣，提高教学效果（见《影视文本在高校公选课场景式教学中的运用及效果》一文）。还有学者认为，我们应该用一种集成观的视角统一规划相关课程教学内容的设置，减少重复教学，提高授课效率（见《语言教学过程中的集成观》一文）。

在语言研究领域，"一般集成论"理论得到一些学者的关注，并引发了一些讨论。有学者认为在语言理解的过程中，存在信息集成的加工过程。具体而言，从语言单位构成要素的角度看语言理解的过程，实际上就是语音、语义、句法等方面的信息进行集成的过程，也是大脑多个语言功能区相互作用和信息传递的动态过程（见《语言理解的信息集成机制》一文）。有学者指出当前语言学中的隐喻研究正面临着从单模态到多模态、从单学科到多学科交叉研究的集成趋势，而"一般集成论"这一理论框架有助我们以实证的方法和实验的手段来集成研究隐喻（见《隐喻研究的集成趋势》一文）。有学者在"一般集成论"语言观的基础上提出了"元话语"这一观点，认为元话语是指明作者、读者和语篇展开之间关系的言语表达方式，而协作是一种社会介入，元话语反映了作者在语篇中定位与读者的关系，以及在特定的社会语境中创建连贯语篇的方式（见《学术写作中元话语的互动功能》一文）。

在心智研究领域，《意识集成论》一文用一般集成论观点从多个方面考察意识的特性，同时对意识理论框架中的意识规律加以具体化。有学者讨论了心智集成与身心问题，认为需要从意识的突显问题、还原问题及结构功能关系问题等方面来进行研究（见《心智集成与身心问题——评唐孝威院士的心智集成论》一文）。还有学者从宇宙演化的秩序、时间、空间层次和结构等方面探讨了"一般集成论"的哲学观（见《宇宙演化的秩序、时间、空间层次和结构》一文）。

在神经研究领域选录了三篇稿件，其中前两篇是浙江大学数学系翟健教授组稿的。这三篇中，有学者指出：在神经元水平上的信息集成是大脑高级功能的全面信息集成的前提，具体表现为兴奋性和抑制性突触输入在神经元胞体的相互影响和整合（见"Nonlinear Multiplicative Dendritic Integration in Neuron and Network Models"一文）。有学者从"一般集成论"的观点讨论了大脑功能响应引导多媒体内容分析，指出脑功能响应中包含高层次语义特征，解决制约自动、高效图像/视频处理技术的关键问题是"语义鸿沟"。基于 T-fMRI、N-fMRI 的特征提取工作和基于 DICCCOL 系统脑功能成像特征提取工作，以及 PCA-CCA 和高斯过程回归算法，可以使视频分类和检索的准确率比传统的基于底层特征方法有很大提高（见《大脑功能响应引导多媒体内容分析》一文）。有学者把神经网络信息处理技术与传统的符号处理方法有机地结合起来，为研究和构建较完善的自然语言理解系统提供实证研究（见《神经网络模型实验与语言认知理论的互动》一文）。

本专辑收录论文涉及面较广，学科跨度较大，但都集中探讨了在各个学科领域中的集成现象和集成机制。希望本专辑能够起抛砖引玉的作用，促进对集成论理论的更广泛、更热烈、更深入的讨论。

本专辑的出版得到了浙江大学语言与认知研究中心的资助，在此深表谢意！

唐孝威　张　薇

2015 年 5 月

目　录

Contents

Mental integratics

Neuro-integratics

从一般集成论看思维研究

唐孝威 *

思维是复杂的心智现象，不同学科领域的许多学者曾从多个方面对思维进行过实验研究和理论研究，取得了许多成果，深化了对思维的认识。本文从一般集成论的角度对思维研究谈几点看法：第一，思维研究要讨论思维过程中的集成现象，构建思维集成论的理论。第二，思维研究要讨论各种不同的研究取向的集成，采取思维的集成研究取向。第三，思维研究要讨论多种学科对思维的集成研究，由此产生一些新的交叉学科，如思维神经科学等。

1　思维集成论

集成即整合。各种复杂事物普遍存在集成现象。在思维活动中存在多种多样的集成现象，需要对它们进行专门的研究。

《一般集成论——向脑学习》一书讨论脑与心智时指出，脑内有不同层次的集成作用，进行着多种形式的集成过程，如神经集成、信息集成、心理集成等（唐孝威，2011）。[5] 心智有觉醒、认知、情感、意志等

---

* 唐孝威，浙江大学教授，中国科学院院士，浙江大学语言与认知研究国家创新基地学术委员会主任。

多种成分。认知又包括感觉、知觉、学习、记忆、思维、语言等成分。心理活动中各种心理成分多种多样的集成现象都是脑内的心理集成。思维集成是许多心理集成中的一种。

思维集成论是在思维领域中应用一般集成论而构建的理论，它的研究内容包括两个方面，一个方面是研究思维过程中的集成现象和规律及其应用，另一方面是研究思维理论的集成，以及思维各种研究取向的集成。

在思维集成中，脑内的思维集成成分通过集成作用，集成为协调的集成体即思想。这些集成现象涉及不同层次和不同性质的思维集成成分、集成作用、集成环境和集成过程。

思维的集成成分有许多不同的种类，内部的各种心理表征，如概念、形象等，都是思维的集成成分。它们是在个体的脑与客观世界长期相互作用中构成的，并可在脑内长期储存。

思维的集成过程有许多不同的形式，如分析、综合、理解、推理等。思维的集成是反复的、曲折的过程，有自上而下的信息流与自下而上的信息流的集成，并且在一定条件下会涌现新的特性，产生新的思想。

由于思维的集成成分以及集成作用和集成过程多种多样，思维集成体就千差万别。例如：有定向性的推理过程，形成组织严密的思维集成体；还有无向性的心智游移，形成内容松散的思维集成体（宋晓兰、唐孝威，2011）。[2]

2　思维的集成研究取向

《统一框架下的心理学与认知理论》一书介绍了当代认知研究中许多不同的研究取向（唐孝威，2007）。[4] 思维是认知的重要部分，当代各种认知研究都研究认知活动中的思维过程，因此在思维研究中也有这些不同的研究取向。

例如，在思维研究中有：神经生物学的研究取向、信息加工的研究取向、具身认知的研究取向、情境认知的研究取向、社会认知的研究取向、人工智能的研究取向。这些不同的研究取向对思维过程持不同的看法，并且采用不同方法进行思维研究。

思维研究的神经生物学的研究取向认为思维过程是脑的高级活动，关心思维过程的脑机制。思维研究的信息加工的研究取向认为思维过程是脑内信息加工，关心思维过程中脑内信息加工的方式。思维研究的具身认知的研究取向认为思维过程依赖于身体，关心思维过程和身体因素之间的关系。思维研究的情境认知的研究取向认为思维过程依赖于现场情境，关心思维过程和现场情境之间的关系。思维研究的社会认知的研究取向认为思维过程依赖于团体、社会、文化等因素，关心团体、社会、文化等对思维的影响。思维研究的人工智能的研究取向认为思维过程类似于计算机的计算，关心思维的计算模型和机器的智能。

《统一框架下的心理学与认知理论》一书指出，在心理现象中存在五种心理相互作用，它们是：心理成分相互作用、心脑相互作用、心身相互作用、心物相互作用和心理——社会相互作用；这些心理相互作用在心脑统一性的基础上统一起来。书中提出基于心理相互作用的认知统一理论，从观念和方法上对当代认知研究的不同研究取向进行集成（唐孝威，2007）。

从认知统一理论看来，上面提到的思维研究的不同的研究取向是从不同的角度来研究思维的。它们在讨论思维过程时，分别侧重讨论思维过程中某一种或几种心理相互作用，但是并没有全面地讨论思维过程中所有各种心理相互作用及其统一性（唐孝威等，2011）。[6]

例如：思维研究的神经生物学的研究取向侧重讨论思维过程中的心脑相互作用，思维研究的信息加工的研究取向侧重讨论思维过程中的心理成分相互作用，思维研究的具身认知的研究取向侧重讨论思维过程中的心身相互作用，思维研究的情境认知的研究取向侧重讨论思维过程中的心物相互作用，思维研究的社会认知的研究取向侧重讨论思维过程中的心理——社会相互作用，思维研究的人工智能的研究取向侧重讨论思维过程中心理成分相互作用与计算机运算的类比等。

认知统一理论对思维的研究取向是思维的集成研究取向。这种研究取向不是只考察思维过程中某一种心理相互作用，而是考察思维过程中所有各种心理相互作用及其统一性，思维过程中所有各种心理相互作用都以心脑统一体为基础，因此思维研究的不同研究取向可以集成起来（唐孝威，2011）。

3 思维神经科学

许多不同的学科对思维进行了研究，《思维研究》一书中各章分别介绍了这些学科对思维研究的一些成果。[7] 当代思维研究的一个重要方向是思维研究中多种学科的集成研究。

20世纪80年代，一些学者认为研究人的思维可以有两条道路：一条路是脑科学，通过研究脑来弄清楚人类思维；另一条路是从心理学、人工智能入手，寻找人的思维规律，用计算机来模拟和实现人脑的功能。当时评论说，脑科学的路很长，一时得不到什么结果，因此不得不走第二条路（钱学森，1986）。[1]

现在的情况不同了，脑科学的实验技术特别是无损伤的脑功能成像技术以及分子影像技术的发展，为人类思维的脑基础的研究和思维的实质性研究提供了条件，有必要、也有可能把上述两条研究途径集成起来，进行思维研究。

研究思维不仅是描述思维现象和对思维进行分类，以及研究各类思维的特点和规律，而且要了解思维的神经基础和思维活动的脑机制，在脑的系统水平上阐明思维能力，并且按照脑的规律来发展思维能力。

我们认为，通过脑科学、心理学、认知科学、信息科学、计算机科学等多种学科对思维的集成研究，可以构建一个专门探讨思维与脑关系的学科，把它命名为思维神经科学（neuroscience of thinking）。它是认知神经科学的一个分支。认知神经科学着重研究认知的脑基础和认知过程的脑机制，作为认知神经科学的一个分支，思维神经科学要研究认知的重要成分即思维的脑基础和思维过程的脑机制。

思维神经科学在研究思维的脑机制时，并不是采用传统的还原论的做法。《意识论——意识问题的自然科学研究》一书指出，要用合理还原和有机整合相结合的方法来研究复杂事物（唐孝威 2004）。[3] 思维神经科学采用一般集成论的方法，即合理还原和有机整合相结合的方法，在脑的不同层次上研究思维的脑机制，并且研究脑内多种多样的集成作用和集成过程。

在思维神经科学中有很多需要弄清楚的问题。例如，思维过程是脑内复杂网络上脑激活模式发展的动力学过程，脑内这些过程是怎样调控从而协调地进行的？又如，思维过程既有受控的有意识活动，又有无意识的内隐认知（Holyoak & Spellman，1993；宋晓兰、唐孝威，2011），[8] 脑内这两类活动是怎样转换和集成的？[7] 又如，脑具有高度的可塑性，在思维过程中脑内复杂网络是怎样不断进行塑造和更新的？等等。这些有兴趣的课题都有待进一步的实验研究和理论研究。

参考文献

[1] 钱学森 .（主编）. 1986. 关于思维科学 [M]. 上海：上海人民出版社 .

[2] 宋晓兰，唐孝威 . 2011. 心智游移 [M]. 杭州：浙江大学出版社 .

[3] 唐孝威 . 2004. 意识论——意识问题的自然科学研究 [M]. 北京：高等教育出版社 .

[4] 唐孝威 . 2007. 统一框架下的心理学与认知理论 [M]. 上海：人民出版社 .

[5] 唐孝威 . 2011. 一般集成论——向脑学习 [M]. 杭州：浙江大学出版社 .

[6] 唐孝威等 . 2011. 认知科学导论 [M]. 杭州：浙江大学出版社 .

[7]　唐孝威，何洁等.2014.思维研究[M].杭州：浙江大学出版社.

[8]　Holyoak, K., Spellman, B. 1993. Thinking[J]. *Annual Review of Psychology*, 44, 265–315.

第一篇　经济集成论

从一般集成论看经济学研究

唐孝威 *

自 1890 年至今的主流经济思想被称为"新古典经济学"。近年来，经济学领域的研究非常活跃，有许多新的实验结果。[1, 2] 面对这些事实，新古典经济学理论虽有修补，但仍突显许多困难。[3]

为了开展一般集成论在经济领域中应用的讨论，这里尝试提出一点粗浅想法，向经济学家请教。

1 社会的集成现象

从一般集成论看来，集成是广泛存在的现象。在社会的集成过程中，许多个体在一定环境中通过他们之间的相互作用，以及他们和环境之间的相互作用，组织成为协调活动的统一整体，即集成统一体（以下简称为集成体）。[4]

人是社会的人，人类个体在劳动生产中通过相互作用组成团体、组织以至社会等不同层次的集成体。团体是由两个以上具有互补关系的个体集成的，它并不是简单的孤立个体之和。组织是团体的集成体，社会

* 唐孝威，浙江大学教授，中国科学院院士，浙江大学语言与认知研究国家创新基地学术委员会主任。

是组织的集成体。

在人类的社会实践活动中，存在着个体、团体、组织、社会等不同规模的实践活动。现代各种社会实践活动中，团队往往是社会行为的基本单位。

2　经济集成论的假设

经济活动是人类重要的实践活动之一。

用一般集成论的观点考察现代社会中的经济行为，或许可以得出经济集成论的以下假设：

（1）在现代的经济行为中，经济行为的基本单位主要是由个体集成的集成体。社会是最高层次的集成体。

（2）经济行为产生集成体价值或效益。集成体价值包括集成体整体的全局（global）价值以及集成体内部与个体直接相关的局部（local）价值。社会价值是最高层次的集成体价值或效益。

（3）在对集成体价值或效益的期望值进行评估的基础上，集成体经济行为追求最大的集成体价值或效益，包括最大的社会价值或效益。

第一假设称为集成体律；第二假设称为集成体机制律；第三假设称为行为期望律。这些假设是否符合实际，尚有待现代经济学大量实验的检验。

3　主流经济学的问题

下面讨论新古典经济学（简称主流经济学）的问题。

主流经济学理论主张的理性决策假设，认为人在经济行为中根据期望价值最大化原则做出决策。但是当代经济学的实验揭示了主流经济学理论面临的困境。

分析主流经济学和经济集成论之间的分歧，或许可以更好地理解主流经济学面临困难的实质。主流经济学理论和经济集成论的主要分歧有：

（1）主流经济学把经济行为解释为孤立个体的行为。这和前述第一假设不一致。

（2）主流经济学把经济期望价值解释为孤立个体的价值。这和前述第二假设不一致。

（3）主流经济学把经济行为解释为追求孤立个体价值的最大化。这和前述第三假设不一致。

4 经济行为中的合作

经济行为中个体间的合作是值得注意的现象。经济行为中个体间的合作何以成为可能？一般集成论的观点是：在集成体内部的个体之间存在相互作用。

在人类社会中，人不是孤立的个体，个体通过他们间的相互作用组织成集成体，集成是优化的动态过程，集成体在集成过程中发展。集成体内部的个体之间既有合作，又有竞争。[4] 在经济行为中，集成体通过内部的相互作用以及它与环境的相互作用，来实现集成体的价值或效益，以至社会的价值或效益。

以上是一孔之见。怎样把一般集成论应用于经济学领域的研究，是一个值得进一步探讨的问题。

参考文献

[1] Henrich, J.et.al. 2001. In Search of Homo Economicus:Beha vioral Experiments in

15 Small-Scale Societies[J]. *American Economic Review*, 91 (2): 73–78.

[2] 叶航, 汪丁丁, 贾拥民 . 2007.科学与实证:一个基于"神经经济学"的综述 [J]. 经济研究 (1) : 132–142.

[3] 叶航, 陈叶烽, 贾拥民 . 2013.超越经济人:人类的亲社会行为与社会偏好 [M]. 北京: 高等教育出版社 .

[4] 唐孝威 . 2011.一般集成论——向脑学习 [M]. 杭州: 浙江大学出版社 .

第二篇　教育集成论

中国英语学习者的隐喻理解策略及理解模型建构 *

徐知媛　王小潞 **

目前针对英语本族语者的隐喻理解研究主要有以下一些理解模型，如标准语用模型、概念隐喻模型、关联理论模型、隐喻生涯模型、等级凸显模型等。本文以问卷测试的形式，从学习者思维过程与思维产出的视角探讨中国英语学习者的隐喻理解策略及模型。研究发现：中国英语学习者主要利用句子语境和字面意义翻译法进行隐喻理解；其次是利用英语背景知识和母语背景知识；此外，学习者还利用猜测、心理意象以及句法分析等策略进行隐喻理解。因此，适用于英语本族语者的隐喻理解模型不完全适用于中国英语学习者。中国英语学习者隐喻理解过程有其特异性，更多地呈现出分析型模型来推导英语常规性隐喻的意义。

1　研究背景

针对英语本族语者的隐喻理解模型是近 20 年来国外隐喻研究的热

---

* 本文为王小潞主持的国家社科规划基金一般项目"脑功能成像视角下的汉语隐喻认知神经机制研究"（09BYY020）以及徐知媛主持的浙江省社科规划基金项目"二语隐喻理解研究"（13HQZZ020）和浙江省教育厅项目"二语隐喻处理策略及理解模型"（Y20133111）的阶段性研究成果之一。

** 徐知媛，浙江大学外国语言文化与国际交流学院副教授；王小潞，浙江大学外国语言文化与国际交流学院教授。

点，目前主要形成了以下一些独具各自解释力的模型。

标准语用模型（Grice，1975[10]；Searle，1979）认为，隐喻理解分三个步骤：第一，对句子的字面意义进行心理表征建构。第二，把字面意义与语境对照，看字面解读是否可行。如果在该语境中字面意义是适切的，那它就是真正的含义；如果在该语境中字面意义不适切，就被拒绝。第三，字面意义被拒绝后，再结合语境，推导出非字面意义或隐喻意义，达到正确的理解。以隐喻"西湖是明珠"为例：西湖和明珠分属两个不同的概念范畴，西湖不可能是明珠，因此字面意义被推翻，但是西湖如同明珠一样明亮和美丽，从而推导出句子的隐喻意义：西湖很美。因此，该模型将字面意义视作中心含义，而隐喻意义则是附带的意义，隐喻理解只能发生在字面意义被拒绝之后。

概 念 隐 喻 模 型（Lakoff & Johnson，1980[13]；Lakoff & Turner，1989[14]；Gibbs，1994[7]；Tendahl & Gibbs，2008[21]）认为，人类的思维方式以及语言意义都来自人们的具身体验。该模型强调分析语言范畴与构式的概念以及体验基础的重要性。表层的语言形式并不是自主的，而是人类组织普遍概念、范畴化原理以及处理机制的反映。例如，英语中有 We've hit a dead-end street、Their marriage is on the rocks 等语言表达。这些语言形式来源于概念隐喻 Love is a journey，因为爱情和旅途在许多方面相似：旅途有出发点、结束点。旅途或一帆风顺，或磕磕碰碰。爱情也具有这样的特征。可见，概念隐喻与它们的语言表现形式并不是任意的，而是来源于人类的身体和自身的文化体验。

关联理论模型（Sperber & Wilson，2008[20]；Wilson，2011[22]）认为，隐喻理解并不涉及内在的概念映射。隐喻意义来自"随意言谈"（loose talk）。听话人根据语言线索，例如词汇、句法等，再结合话语发生时的实际语境，根据最佳关联原则，创造出一个符合当时语境的特定（ad hoc）意义，从而推导出说话人的意图。例如，Robert is a computer 这个隐喻句显然不是要传达 computer 的词汇意义，而是一个更宽泛的意义，即 computer 在该句中不仅指机器，还指某类人。这类人带有计算机百科知识的特征，因此，经过始源域与目标域的关联之后，就可以得出这句话要表达的隐含意义：Robert 做事效率高，没有情感。

隐喻生涯模型（Gentner & Bowdle，2001[6]）认为新颖隐喻与常规隐喻的加工方式是不同的。理解新颖隐喻主要通过结构映射来创造意义，而常规隐喻的加工主要以范畴包容模型为主，直接提取意义，即提取先前储存在大脑中的隐喻范畴意义。因此当隐喻从新颖性向常规性过渡后，其处理机制也发生了变化。比如，在初次理解"山脚"时，人们需要把脚与山进行比较，才能提取意义。而当人们熟悉了这个表达后，则无须比较就能简单地提取"脚"在这个语境中与范畴"山"相匹配的含义：它指的是山的底部。因此，当隐喻规约化后，它就有几种固化的含义，人们只需要提取出最符合语境的含义即可。Littlemore 和 Low（2006）认为，隐喻生涯模型对于外语学习者尤为重要，因为它解释了本族语者和非本族语者理解常规隐喻时采用的不同的处理机制。对本族语者而言是常规隐喻，对于外语学习者而言，如果他们以前没有接触过这一隐喻的话，很有可能是新颖隐喻。[16] 例如，Science is glacier（科学是冰川，形容科学的顶峰难以攀登），这一隐喻对于中国学生来说就很难理解。在处理时，学生可能往往需要先将本体和喻体的特征进行比较，找到两者的相似点，才能获得句子的意义。而当学习者接受了这一隐喻，并将它储存在大脑中，变成固定表达后，当他们再次看到这一隐喻时，隐喻意义才可能会被自动提取。

等级凸显模型（Giora，1997）认为隐喻理解不需要概念间的匹配。理解隐喻的关键取决于词语意义的凸显程度。凸显意义是指说话人讲话时大脑中在线加工时最突出的意义，一般该意义与词语的规约性、典型性、熟悉性与使用频率等因素相关。凸显意义与它是否是字面意义还是隐喻意义无关，它可以是其中之一，也可以是两者皆是。[9] 例如，在理解 let the cat out of the bag 时，本族语者往往不会先去理解它的字面意义，而直接就提取了其隐喻意义"泄密"，因为这一隐喻意义就是他们大脑中最凸显的意义。

另一方面，对外语学习者的隐喻理解策略及模型却鲜有探讨。事实上，由于外语语言能力的欠缺以及外语文化和概念体系的缺乏，学习者不大可能如同英语本族语者那样能对隐喻，特别是对常规隐喻进行自动、下意识地加工。除此之外，外语学习者本身的母语知识和概念体系也参与其中，发生迁移作用。心理语言学研究表明，任何非自动化的语言加工过程必然涉及加工策略的使用。那么，以汉语为母语的中国英语学习者又会采用怎样的策略来理解隐喻，其理解模型是与英语本族语者相同，还是具有自己的特异性？针对这一问题，笔者拟研究中国英语学习者理解英语隐喻时采用的策略，并建构他们的隐喻理解模型。

2　研究设计

2.1　研究问题

鉴于上述论述，本文尝试回答以下两个问题：

（1）中国英语学习者采用怎样的隐喻处理策略？

（2）与英语本族语者的隐喻理解模型相比，这些策略体现了怎样的隐喻理解模型？

2.2　研究方法

2.2.1　隐喻语料的筛选

本研究所用的英语隐喻语料主要选自 *Collins COBUILD English Guides 7: Metaphor*（Deignan，2001）[4]、*Idioms Organiser*（Wright，2000）[24] 和《英汉概念隐喻用法比较词典》（苏立昌，2009）[25]。笔者从中选取了 60 个常规隐喻作为测试材料。隐喻的始源域包括动物、植物、天气、身体、食物、颜色、建筑、方位等认知语言学归纳的常规始源域。

（1）隐喻性程度测试

两名宾夕法尼亚州立大学心理系的美国学生对 60 个隐喻词语按照 1—5 等级进行隐喻性程度评判：5 分隐喻程度很高；4 分隐喻程度比较高；3 分不清楚是不是隐喻；2 分隐喻程度比较低；1 分隐喻程度非常低。测试后删去两个平均隐喻程度均低于 3 分的隐喻词语。

（2）隐喻可理解性和使用性程度判断

11 名就读于美国芝加哥大学的英语本族语者对 58 个词语的隐喻意义的可理解性和使用性程度进行了判断。具体做法如下：

Directions：Do you think the meaning of the word(s) underlined is accepted by native English speakers? If yes, how often do you use the expression? Please select the corre-sponding letter. For example,

Hanks is really low these days. What's the matter?

sad：

A）acceptable　　　B）not acceptable　　　C）don't know

If it is A），how frequently do you use it in your daily life？

A）frequent use　　　B）sometimes use　　　C）seldom use

我们统计了每个目标词语的可接受性和平均使用频率，A）为 3 分，B）为 2 分，C）为 1 分。如果平均可接受性程度低于 2.5，则为不可接受；如果平均使用频率低于 2，则为不常使用。结果有 18 个词语不符合要求。最终有 40 个隐喻词语用作正式测试的语料。

2.2.2　受试和测试方法

本研究受试为 40 名浙江大学大二和大三本科生，其中 19 名英语专业学生，占 47.5%；21 名非英语专业学生，占 52.5%。有效受试为 36 名。

测试采用问卷回答的方式。问卷包括学习者背景情况问卷和隐喻测试问卷。前者调查受试的年龄、性别、学科、年级、学习英语的时间等情况。后者包括 40 个隐喻句。笔者采用张雷、俞理明（2011）的研究方法，[26] 要求受试在 120 分钟内写出每个目标隐喻词语（句子的画线部分）的中文意思，并给出理由 *。例如：

You can never find her in such a large crowd. You're just looking for a needle in a hay-stack.

汉语意思：不可能（或大海捞针）。

理由：汉语有类似表达。

2.2.3　评分

两名英语教师统计了受试所给的策略。每一条策略以 1 分计算。另两名英语教师对所有的理解答案进行评分。每一题答对得 1 分，答错得 0 分。在评分过程中，如有意见不同，则由笔者最后定夺。所有数据用 SPSS 统计。结果表明，策略评分员的一致性信度为 0.76，理解答案评分员的一致性信度为 0.96，因此评分有效。

3　中国英语学习者采用的隐喻处理策略

3.1　数据和结果

参照 CooPer（1999）的研究方法，[3] 笔者和 3 名未参加评分工作的英语教师对受试给出的全部隐喻理解策略进行了分析，把它们按概念进行分类归纳，相同的或类似的策略归为一类，总共分为 7 类：句子语境、字面翻译（意义）、汉语知识、英语知识、随便猜测、心理意象与句法分析（见表 1）。

---

* 本研究未采用有声思维方法来了解受试的隐喻理解策略，这是因为在一次小规模的试测中，很多受试都不情愿边做边讲，特别是要在被录音的情况下进行，而更愿意把思考的内容写下来。因此，我们认为用书写的方法可能要比有声思维法更能获得有效信息。

表 1 隐喻理解策略概述

策略	常规表述	例子	具体描述
句子语境	整句话的意思是…… 这句句子说的是…… 联系前半句…… 和前面的词语对应。	As an international avenue, it is a bit of a dinosaur.	恐龙长相难看，体积大。但是根据句中的 international，不太可能指的是会所体积大，样子难看也说不通。恐龙还可指年代久远，我想指的是这个国际会所很旧了。
字面翻译（意义）	该词语的意思是…… 这词指…… 译成汉语是…… 该短语由……组成。	If you lay a finger on the child, you'll regret it.	lay a finger 指的是动一根指头，因此，该短语指的是动手打孩子。
汉语知识	和汉语的……很像； 汉语也有类似的讲法； 看上去和中文的……一样。	You can never find her in such a large crowd of people. You're looking for a needle in a haystack.	和海底捞针很像，指不可能，很难完成的事情。
英语知识	学过这个词语； 在书本中读过该词； 在英语文化中，它指的是…… 老师说过这个短语。	Peter is a green hand with the job.	学过该词语，指菜鸟、新手。
随便猜测	不确定，我猜是…… 乱写的； 猜的； 不知道，看不懂。	He invited me to the concert, but it's not my cup of tea.	不知道，可能是不喜欢吧？猜的。

续表

策略	常规表述	例子	具体描述
心理意象	我想象…… 把……和……联系起来； 把……和……进行比较； 联想到……	Maria was the first to take the bull by the horns during the recent crisis.	我想象自己骑在牛背上抓牛角的样子，很厉害的，牛被控制了。再联系句子，表示在危机中，Maria 表现得很勇敢。
句法分析	这个词语在句中做宾语； 该词是名词； 主语是……	John is bragging about Iran again. What a windbag.	A windbag 是名词，应指东西或人。该句的主语是 John，windbag 应该指的是人。brag 指吹牛，因此，windbag 指吹牛大王。

接着，我们又统计了这 7 类策略各自的使用频率。凡是受试在测试中提及使用的策略，不管是一条还是多条，均按每条 1 分来计算。这样，我们得到了每类策略的总的使用频率。

根据统计结果，受试的理解策略按使用频率的高低排序，依次是句子语境（27.61%）、字面翻译（意义）（23.23%）、英语知识（20.29%）、汉语知识（19.59%）、随便猜测（7.89%）、心理意象（1.21%）和句法分析（0.09%）。其中，句子语境和字面翻译（意义）这两类策略占了全部策略的 50.84%，说明中国英语学习者主要依靠语言知识和背景知识来理解隐喻。

我们统计了与正确答案有关的理解策略，并与受试采用的策略总数做了对比。在总共 2144 条策略中，与正确答案有关的共 1423 条，成功率为 66.37%。正确策略按使用频率高低排列依次是：句子语境（28.88%）、英语知识（25.09%）、字面翻译（意义）（20.52%）、汉语知识（19.75%）、随便猜测（4.43%）、心理意象（1.26%）和句法分析

（0.07%）。与总的策略频率相比，排序略有变化。句子语境还是排在第一位，但字面翻译（意义）从总策略中的第二位下降成第三位，而英语知识从第三位上升至第二位。随便猜测、心理意象和句法分析的顺序没有发生变化。

3.2　讨论

在外语学习领域，理解策略指的是"读者如何看待任务、如何理解任务，以及当他们不理解时，他们为应做什么而采取的方法。简单地说，理解策略指的是学习者用以达到理解所采用的方法"（Singhai, 2001: 1）。[19]

根据本研究结果，利用上下文语境知识是中国英语学习者理解隐喻时使用最多的策略。语境能提供相关信息，促进信息理解。隐喻往往出现在词组、句子、语篇之中，因为其字面意义与隐喻意义的冲突，语境显得尤为重要。在本研究中，利用句子语境策略占全部策略的27.61%，而这一策略与理解正确率有关的使用又上升到了28.88%，说明语境促进了隐喻理解，弥补了学习者的文化差异和语言能力等方面的不足。Cooper（1999）的研究也表明，即使是理解固定搭配的常用习语，学习者也还是倾向于利用上下文语境的策略。

利用词语的字面翻译（意义）占全部策略使用的23.23%，排在第二位，这表明外语学习者在碰到外语隐喻时，首先激活的很有可能是词语的字面意义。一般而言，字面翻译（意义）是词语的中心意义，也即词典中的典型意义。对于外语学习者来说，字面意义是他们心理词典中最凸显的意义。Kecskes（2006）指出，在字面层面上，不同语言可能会有相同的词汇。但在隐喻层面上，词汇的等价就低得多了。由于不同的语言和文化经历，非本族语者无法做到像本族语者那样自如地使用或理解隐喻性语言。第二语言学习者的问题是他们通常把二语词汇的字面意思当作是具有凸显意义的，因为对他们而言，字面意义最熟悉、使用频率最高[11]。Charteris-Black（2002）也认为，在处理不熟悉的语言意义时，二语学习者更有可能根据自己心理已建构的意义首先进行字面解读，而不是根据语用知识。[1]CieSlicka（2006）通过跨通道词汇启动效应实验，对波兰高水平英语学习者进行了习语理解测试，结果表明，目标习语无论是出现在隐喻性的语境中，或其隐喻意义是否为受试所熟悉，对于受试而言，理解外语习语必须经历一个必要的字面意义处理过程，即字面意义具有处理优势效应。[2]本研究结果验证了上述学者的观点，字面意义往往是学生心理词库中最凸显的意义。值得指出的是，尽管学习者倾向于按字面意义进行理解，但字面意义并不总能导致正确的解读。本研究中，在全部的处理策略中，字面翻译（意）的使用排在第二位。但在与正确理解有关的策略中，这类策略比重下降至20.52%，排在第三位，这表明字面意义有时导致错误理解。隐喻意义产生于本体与喻体字面意义的冲突中。尽管受试可能也知道字面意义是不对的，但由于缺乏目标语国家的文化背景知识，或英语语言能力薄弱，还是无法准确地理解英语隐喻。

利用英语背景文化知识占全部策略的20.29%，而在与正确答案有关的策略中，这一比重甚至上升到了25.09%，说明英语背景知识极大地促进了隐喻理解。此外，我们还发现了一类现象。例如，在理解 pull my leg 时，有些受试将其翻译成"拖我后腿""拉后腿"等，他们把原因归纳为运用字面翻译（意）或英语背景知识等策略。对于这些学习者而言，他们错误地把汉语文化与英语文化等同起来，以为"拖后腿"就是 pull my leg 的英语意思，产生了汉语文化概念的负迁移。但 pull my leg 的英语隐喻意义指的是"取笑我"。这类现象我们在统计时把它归入汉语知识一类。

利用汉语知识占19.59%。由于隐喻概念的文化普适性和特异性，外语学习者在理解隐喻时，还常常利用母语文化和概念体系。利用汉语知识在正确策略中占了19.75%，表明母语知识对隐喻理解具有一定影响。尤其当受试看到隐喻语言形式类似于汉语表达时，他们往往会借用汉语中相似的表达来理解。例如，a big mouth、iron hand、pour cold water on 等，与汉语表达类似，不少受试写了"汉语中有类似说法；与汉语相似"等。因为同形又同义的隐喻倾向于正迁移，促进理解，这类隐喻理解起来比较轻松。而类似 pull my leg 这类同形但不同义的隐喻则最容易发生母语文化负迁移。进一步分析表明，理解策略与隐喻类别存在一定关联。诸如 a big mouth、iron hand、dinosaur、pull my leg 等语言形式与汉语表达类似的英语隐喻，学习者更多地利用字面翻译（意义）和汉语知识等策略；而在理解如 hold water、windbag 等语言形式不同于汉语表达的英语隐喻时，学习者更倾向于利用句子语境信息、心理意象等策略。由于篇幅所限，关于理解策略与隐喻类别关系的问题我们将另文讨论。

学习者还利用随便猜测来理解隐喻。严格地说，随便猜测算不上一类认知策略。但在本研究中，受试并不是盲目地进行猜测，敷衍了事。一些学生在利用随便猜测策略时，同时也利用了其他策略，包括句子语境、利用字面翻译（意义）、英语文化，甚至还有句法分析等策略。这表明受试经过了思考，但还是无法得出满意的理解之后才随意猜测。例如学生 A 写下了她为什么猜测 John is bragging about Iran again. What <u>a windbag</u>. 一句中 a windbag 的意思是"长舌妇"的过程。学生 A 写道："A windbag 指风袋，我想风袋是空的，轻飘飘的，可能指人轻飘飘的。该句说 John 在说 Iran 的事情，我猜可能是说 John 到处传播小道消息吧。我不确定，要么是长舌妇的意思"。由此可见，尽管受试说猜测，但还是结合了句子语境、字面意义等进行综合思考。

心理意象策略占了 1.21%，正确策略的比重为 1.26%，包括心理联想和比较。例如，在理解 take the bull by the horns、look for a needle in a haystack 等时，有受试写道是通过想象有关画面来理解隐喻。隐喻是以具体的事物或经验来理解或体验抽象的事物或经验，将始源域的图式结构以某种方式映射到目的域之上，让我们通过始源域的结构来建构和理解目标域。而联想是隐喻意义实现的根本方式，以发现事物的相似点为基础。学习者通过想象该隐喻在他们大脑中的画面，进行事物间的比较，发现相似处，进而对始源域所要表达的内容进行理解。还有的受试在理解 blow one's top 时，写了"通过比较 top 与人的头部的关系"这一原因。这其实也是一种联想的关系，把事物的顶部与人的头部联想起来，因此，我们把心理联想与比较归入"心理意象"一类。Lakoff 和 Turner（1989）指出，理解新颖隐喻有时并不涉及跨域映射，而是涉及心理意象的映射。[14] 例如，理解 My wife whose hair is brush fire 需要人们把像刷子般的火的心理意象映射到诗人妻子的头发上去，进而对头发的颜色、质地、形状产生不同的想象。我们的研究也表明，对于外语学习者来说，理解不熟悉的外语常规隐喻（对他们来说，相当于新颖隐喻），心理意象也是有效的理解方式。

我们的研究也论证了 Paivio（1991）提出的"双语码理论"（Dual Coding Theory）。[17] 双语码理论是一个关于人们如何理解语言意义的认知心理学理论。其主要观点是，人们主要利用两种信息理解语言意义：语言信息和非语言信息。语言信息主要包括词汇、短语、句子，非语言信息主要是心理或视觉意象。隐喻理解涉及用具体的始源域来理解比较抽象的目的域。始源域的语言形式比较容易理解，除了语言信息，它还容易引起人们生动的心理或视觉意象，也就是说，人们还可通过非语言信息来理解它，因此它具有两种语码信息。心理意象不仅反映了隐喻性理解过程，也反映了人们对内在隐喻性概念的隐性意识（Duthie et al. 2008）。[5]

本研究还发现，受试利用句法分析来理解英语隐喻。例如，在理解 The government introduced new spending caps for local authorities 中 caps 的意思时，受试 B 就利用了这个策略：caps 是名词，做 introduced 的宾语。根据前面的 spending，我想 caps 应该指的是政策，支出政策。然而，此处的 caps 指的是"限制"。尽管受试 B 理解有误，但这表明，在理解不熟悉的隐喻时，学习者往往尝试着用各种可能的策略进行理解。Lim 和 Christianson（2013）的研究也证实二语学习者利用句法信息进行文本解读。[15]

总之，中国英语学习者一般不能直接理解英语归约性隐喻，而是采用以上某种或几种策略来进行理解。

4 中国英语学习者隐喻理解模型建构

4.1 基于已有隐喻加工模型的讨论

标准语用模型认为隐喻理解分三步走：首先理解字面意义；其后结合语境，拒绝字面意义；最后得出隐喻意义。该模型强调了字面意义和语境的作用，在本研究中对应于利用句子语境和字面翻译（意义）策略。这表明，中国英语学习者在理解隐喻时，很可能也是分三步走。也就是说，他们的隐喻理解可能更符合标准语用模型。

概念隐喻模型认为语言隐喻的理解来自人们思维底层的概念结构。例如，之所以能理解 She has a heavy heart today 表示 She is sad，是因为人们头脑中有 Heart is a material container 这个概念体系，由这个概念隐喻生成各种语言表达式。然而，在本研究中，没有一个受试选择概念隐喻策略，尽管测试使用的所有隐喻句都来自于概念隐喻语料。的确，对于中国英语学习者而言，概念隐喻还是个陌生的概念，教育者也还没有将其纳入教学体系。因此学习者还不可能把对语言的了解上升到隐喻认知的层面，无法意识到他们是在某个概念框架下处理隐喻。Kovecses 和 Szabo（1996）也认为学生必须首先意识到概念隐喻，才能在外语学习中使用概念隐喻策略，并发现新的具有相同概念基础的语言隐喻。[12] 另一方面，正如关联理论等指出的，概念隐喻太过强调认知和概念先于语言的重要性。而对于外语学习者而言，理解语言隐喻更多地依赖于其他东西，例如已有的外语背景知识、母语文化背景和语言能力等。因此，"概念隐喻并不能完全解释语言隐喻。理解语言隐喻还需要各种词汇、语法以及社会文化等因素的参与"（Gibbs，2011：545）。[8]

关联理论认为隐喻意义来自于"随意言谈"，听话人根据语言语境提供的符号线索（例如词汇和句法），结合话语发生的实际语境，以及听话人的已有知识，推导出一个恰当的特别概念。尽管关联理论主要从语用的角度来解释隐喻理解，但其主要观点也适用于外语学习者。语言语境对应于本研究中的句子语境；已有知识对应于本研究中的汉语知识和英语知识，都可解释中国英语学习者理解隐喻的过程。

　　隐喻生涯模型认为加工常规隐喻与新颖隐喻的机制不同：加工常规隐喻需要提取先前储存在大脑中的隐喻范畴；加工新颖隐喻需要进行两个域之间的比较。然而，对于外语学习者而言，如果他们不熟悉常规隐喻的话，常规隐喻也就变成了新颖隐喻。因此在理解时，学习者往往需要将始源域和目的域的特征进行比较，找到两者的相似点，才能获得意义。本研究中学习者运用的心理意象（例如，联想、比较）策略就是通过不同域之间的结构映射，达到对隐喻的理解。

　　等级凸显模型认为，对于本族语者来说，无论是字面意义还是隐喻性意义，都有可能是凸显意义。如果是常规隐喻，凸显的往往是隐喻性意义。但正如前文指出，对于外语学习者而言，凸显的更可能是字面意义而非隐喻意义。

4.2　基于本研究结果的隐喻加工模型的建构

　　英语本族语者在理解常规隐喻时，往往无须经历复杂的分析过程，或者他们只是下意识、自动地进行了分析。他们更多地体现出"整体型"的加工模式。但这种加工模型并不能全面描述外语学习者的情况，它们或许只能描述某一方面的特征，外语学习者的隐喻理解有其自身的特点。Charteris-Black（2002）指出，成功的外语交际取决于多种因素，包括母语和二语文化在多大程度上共享概念系统，第二语言学习者在多大程度上具有相关的二语概念系统知识，以及在多大程度上隐喻意义可以被两种文化中共享的经历激活。

　　外语学习者不具备本族语者那样的语言能力和文化背景，他们往往需要通过字面意义，对一些可能的意义进行分析、比较加工之后，才有可能接近外语常规隐喻的理解。本研究结果表明，中国英语学习者往往结合句子语境，分析词语的字面意义，再结合自己对英语文化的了解和已掌握的语言知识来理解隐喻。在这一过程中，他们自身的母语文化也涉及其中产生迁移作用。有时他们还要利用句法分析和联想比较来帮助理解。

因此，外语学习者隐喻理解有其特异性，他们更多地采用"分析型"的处理模型 *，见图 1。

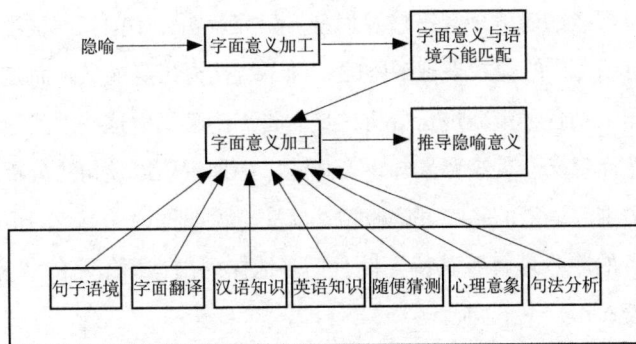

图 1　中国英语学习者隐喻理解分析型模型

　　与英语本族语者的隐喻理解相比，中国英语学习者的隐喻理解涉及更多更复杂的因素。他们一般不能直接理解英语隐喻，而是倾向于将字面意义与上下文语境进行匹配。如果在该语境中字面意义不适切，它就被拒绝，学习者就转而寻求非字面意义或隐喻意义的加工。在这一加工过程中，他们利用以上某种或几种策略对隐喻意义进行推导。由此可见，在适用于本族语者的隐喻加工模型中，标准语用模型和关联理论对于外语学习者的隐喻理解加工过程具有较强的解释力，而概念隐喻模型、隐喻生涯模型、等级凸显模型的解释力则大大降低。Wray（2002）也认为，本族语者通过"整体型"模式来处理程序性语言，这种能力是他们从幼儿期就开始发展的，而大多数的二语学习者都是过了幼儿期才开始接触二语，因此他们更倾向于通过"分析型"的模式来处理二语的程序性语言。[23]

---

* 笔者就本研究中受试的隐喻理解策略使用情况与理解模型关系请教 Jeannette Little more 教授（个人通信），在她的指导下，提出"分析型"的处理模式。

5 结论

本文从学习者思维过程与思维产出的视角，探讨了母语为汉语的中国英语学习者的隐喻理解策略及模型。研究表明，中国英语学习者主要采用"分析型"的模式来理解隐喻，即不直接得出隐喻义，而是从字面义出发，采纳各种策略进行分析，最后得出隐喻义。这些策略包括句子语境、字面意义、英汉背景知识、猜测、心理意象以及句法分析。这表明，英语本族语者的隐喻理解模型不能完全说明外语学习者的情况，外语学习者的隐喻理解有其特异性，更多地体现出运用策略的"分析型"的处理模式。

在未来的研究中，我们可进一步探讨外语语言水平与理解策略之间的关系。二语习得研究表明，不同外语水平的学习者会使用不同的外语理解策略，例如，高水平的学习者倾向于使用语言内策略，如上下文语境、外语背景知识等；而低水平的学习者更倾向于使用语言间策略，例如母语概念等。这种区别适用于隐喻理解吗？不同外语水平学习者的隐喻理解策略有何异同？另外，理解策略与隐喻类别的关系如何？英语本族语者的隐喻理解模型对不同类别的隐喻理解是否具有不同的解释力？这些问题有待日后进一步探讨。

参考文献

[1] Charteris-Black, J. 2002. Second language figurative proficiency: A comparative study of Malay and English[J]. *Applied Linguistics*, 23: 104–133.

[2] Cieslicka, A. 2006. Literal salience in on-line processing of idiomatic expressions by second language learners[J]. *Second Language Research*, 22: 115–144.

[3] Cooper, T. 1999. Processing of idioms by L2 learners of English[J]. *TESOL Quarterly*, 33: 233–262.

[4]   Deignan, A. 2001. *Collics COBUILD English Guides 7: Metaphor*[M]. Beijing: Foreign Languages Press.

[5]   Duthie, K., Nippold, M., Billow, L., Mansfield, C. 2008. Mental imagery of concrete proverbs：A developmental study of children, adolescents, and adults[J]. *Applied Psycho-linguistics*, 29: 151-173.

[6]   Gentner, D., Bowdle, B. 2001. Convention form and figurative language processing[J]. *Metaphor and Symbol*, 16: 223-247.

[7]   Gibbs, R. 1994. *The Poetics of Min: Figurative Thought Language and Understanding*[M]. Cambridge: CUP.

[8]   Gibbs, R. 2011. Evaluating conceptual metaphor theory[J]. *Discourse Processes*, 48: 529-562.

[9]   Giora, R. 1997. Understanding figurative and literal language: The graded salience hypothesis[J]. *Cognitive Linguistics*, 7: 183-206.

[10]   Grice, H. 1975. Logic and conversation. In Cole, P., Morgan (eds.), J. *Syntax and Semantics 3: Speech Acis*[M]. New York: Academic Press: 41-58.

[11]   Kecskes, I. 2006. On my mind: Thoughts about salience, context and figurative language from a second language perspective[J]. *Second Language Research*, 22: 1-19.

[12]   Kovecses, Z., Szabo, P. 1996. Idioms: A view from cognitive semantics[J]. *Applied Linguistics*, 17: 326-354.

[13]   Lakoff, G., Johnson, M. 1980. *Metaphors We Live By*[M]. Chicago: The University of Chicago Press.

[14]   Lakoff, G., Turner, M. 1989. *More Than Cool Reason: A Field Guide to Poetic Metaphor*[M]. Chicago: The University of Chicago Press.

[15]   Lim, J., Christianson, K. 2013. Second language sentence processing in reading for compre-hension and translation[J]. *Bilingualism: Language and Cognition*, 16: 518-537.

[16]   Littlemore, J., Low, G. 2006. *Figurative Thinking and Foreign Language*

Learning[M]. London: Palgrave Macmillan.

[17] Paivio, A. 1991. Dual Coding Theory: Retrospect and current status [J]. *Canadian Journal of Psychology*, 45: 255–287.

[18] Searle, J. 1979. *Expression and Meaning*[M]. Cambridge: CUP.

[19] Singhai, M. 2001. Reading proficiency, reading strategies, metacognitive awareness and L2 readers[J]. *The Reading Matrxc*, 1 (1): 1–4.

[20] Sperber, D., Wilson, D. 2008. A deflationary account of metaphors. In R. Gibbs (ed.). *The Cambridge Handbook of Metaphor and Thoughe*[M]. Cambridge: CUP, 84–105.

[21] Tendahl, M., Gibbs, R. 2008. Complementary perspectives on metaphor: Cognitive linguistics and relevance theory[J]. *Journal of Pragmatics*, 40: 1823–1864.

[22] Wilson, D. 2011. Parallels and differences in the treatment of metaphor in relevance theory and cognitive linguistics[J]. *Intercultural Pragmatics*, 8: 177–196.

[23] Wray, A. 2002. *Formulaic Language and the Lexicon*[M]. Cambridge: CUP.

[24] Wright, J. 2000. *Idioms Organisrr—Organised by Metaphor, Topic and Key Word*[M]. East Sussex: Language Teaching Publications.

[25] 苏立昌 . 2009. 英汉概念隐喻用法比较词典 [M]. 天津：南开大学出版社 .

[26] 张雷，俞理明 . 2011. 心理类型在中国学生英语习语理解中的作用 [J]. 现代外语 (2): 171–177.

影视文本在高校公选课场景式
教学中的运用及效果
——以"中华民国史"课堂教学为例 *

胡悦晗 **

基于目前高校文科公选课存在的授课形式传统、学生选课动机匮乏等问题，本文以笔者以 2013 至 2014 学年在杭州师范大学下沙校区开设的"中华民国史"课程为例，通过分析选课学生的结构分布及选课意向，明确课程性质定位，在"抗日战争的相持阶段"专题中，引入场景式教学的理念，运用电影《1942》视频材料，通过背景介绍、片段展示、问题讨论、总结概括四个步骤进行课堂教学实践，丰富并深化了学生对特定历史时期的理解，引导了学生的课程学习兴趣，提高了教学效果。

1 动机导向与课程反馈

高校公选课的开设旨在对学生进行一定的人文社会科学和自然科学知识教育，拓宽学生知识面，完善知识结构，全面提高学生素质，培养复合型创新型人才。[1] 公选课是高校课程体系的重要组成部分，是高校深化教学改革，推进素质教育的重要产物。我国高校所实施的素质教

* 本文系杭州师范大学 2015 年教改项目"PBHT 教学法在'人文地理'课堂教学中的应用"以及杭州师范大学第二批核心通识课程"影视欣赏"立项建设项目的资助。

** 胡悦晗，杭州师范大学历史系副教授，华东师范大学历史学博士。

育，包括专业教育及其理念与方法两个方面。在狭隘的专业教育思想占主导地位的现实情况下，文化素质教育的课程建设成为实施素质教育过程中最薄弱的环节之一。因此，开设高校公共选修课是加强文化素质教育的一项非常重要的举措。[2] 然而，不少调查研究均显示，目前高校公选课的开设与教学中还存在一些问题：总量严重不足，鲜见优质课程；课程结构不合理，文理工学科难以兼容；难以形成稳定的优质师资队伍；公选课的监督体系不完善。这些问题严重制约了公选课的发展。[3] 在目前公选课存在的问题探讨中，现行管理体制下教师与学生的动机成为影响公选课质量的重要原因。对于公选课学习，学生普遍存在学习态度不端正、选课盲目、上课散漫、投机选择易通过课程等方面的动机，不仅导致学生产生"学习倦怠"，也极大地挫伤了教师的积极性，使得教师对自己在公选课教学中的付出产生怀疑；同时开课学院将主要精力、财力均投向专业课，相对于专业课，公选课教师不能获得更多的认可、赞许、关爱，不能获得较高的尊重，不能获得较高层次的需要，使得教师个人缺乏成就感，公选课仅成为教师赚取学时的工具，缺乏成就动机，导致教师以一种消极的态度对待公选课，表现出消极性教学行为。[4] 基于此，发掘学生的选课动机及听课兴趣，对公选课的课程大纲、教学方法等方面进行优化改革，进而引导学生有意识地拓展知识面，成为高等院校公选课任课教师面临的重要问题。

杭州师范大学人文学院自 2003 年起，开设了面向全校本科生的"中华民国史"公选课。由于杭州师范大学的理工科院系集中在下沙校区，文科院系集中在仓前校区，因此学校鼓励人文社会科学专业的教师到下沙校区开设公选课，以为了更好地平衡文理学科分布结构，提高学生的综合知识素养。笔者于 2013—2014 学年期间，在下沙校区开设"中华民国史"公选课。课程伊始，笔者向选修该门课程的全体同学做了一个修课动机调查，发现其中明确表示为了完成学分规定的同学及对该门课程感兴趣的同学均为数不多，绝大多数同学对该门课程无特别好恶的先天印象。该意向调查与选课学生的结构分布有关。该门课程的绝大多数学生为大学一年级理工科学生，除少数人外，对该门课程涉及的知识内容、任课教师的教学风格等方面并无详细了解，故无特殊好恶。少数二年级以上学生基于学分规定选修该门课程也在合理之中。值得注意的是，在对该门课程感兴趣的同学中，好几人均表示希望能够听到一些与传统历史教材及大学"中国近现代史纲要"公共必修课程不同的内容。该信息与已有对大学两课课程中存在的问题的调查研究结论相叠合。华中师范大学"中国近现代史纲要"课程组2008年对开设这门课程的2007级学生进行了问卷调查。部分学生所谈的理由可以反映这些学生的一些思想：（1）有开课必要，但很多内容中学学过。（2）对历史学习有必要，但老师对思想方面的教导很少。（3）课时太少，中学都学过，考试也只需硬性记忆，应多引导学生思考。（4）所学的专业不需要用到这门课，但了解一定的历史也是需要的。（5）有强迫要学的感觉，考过后，大家基本上都会忘，对以后没多大的作用。[5] 笔者得到的学生反馈信息及已有研究结论促使笔者将"中华民国史"公选课的课程性质定位于有别于"中国近现代史纲要"，而是如何通过引入新式教学方法，增添学生对特定历史时期的了解深度，进而引导学生的主动学习兴趣。

"中华民国史"公选课程学生结构及选课意向调查表

选课学生结构分布			
大一学生	大二学生	大三及大四学生	选课总人数
47人	9人	1人	57
选课学生意向调查			
对该门课程感兴趣	为完成学分规定	无特别好恶	选课总人数
5人	7人	45人	57

2　场景式教学与影视文本的材料运用

"场景式"教学即借助多媒体资源，以情景创设为手段，以情趣激发为核心，注重改善影响学生能力的内外因素，把智能训练、语言表达、性情陶冶、思想教育等有机结合起来，从课内延伸到课外，变单一封闭式教学为多元开放式教育，引导学生用心体会教材，用眼观察生活，感悟丰富的社会人生。[6]"场景式"教学理念的产生源于全球化时代对多元知识结构及社会关系互动能力的要求。在"场景式教学"中，学习过程被设定为若干流程或步骤。但在各个流程中，不是预设的结果和结论，而是进行形形色色有见解的交流和建议；然后从这个动态的学习活动中引出共识，成为下一个流程的要件。大致的教学框架是可以设想的，但在各个流程中夹杂着混乱、碰撞和形成共识的意识，这种学习方式谓之"场景式教学"。[7]由于场景式教学的理念旨在通过形塑"现场感"提高学生理解与把握社会现实的能力，故该方法多应用于临床医学、建筑、旅游、生物等应用型学科及一些职业技术院校设置的实训课程的教学环节，少有基础类学科，尤其是文史哲等基础人文学科方面的应用案例。[8]人文学科旨在丰富学生对人性、情感、普世价值、终极关怀等方面的理解与深度体验。当代社会的消费主义、信息爆炸等特征导致的大众阅读碎片化、思想平面化、浅窄化等趋势不仅影响到学生的文化素养，更影响到基础类文科课程的教学效果。因此，笔者以为，在基础文科类课程中引入场景式教学的方法，有助于塑造人文学科的"现场感"素养，提高课堂教学效果。

随着教育教学改革的进一步深化，以多媒体技术为核心的现代信息技术媒体越来越多地进入了学校课堂教学环节，从而使多媒体教学成了学校教育领域最为热门的话题之一。多媒体教学是一种以多媒体传播媒体为手段，以人的感官为通道，以呈现模式的多样化为特征的现代化教学途径和方式。多媒体教学要为学习者提供多重刺激，既要有听觉信息和视觉信息，更重要的是应让多种感觉通道编码协同作用，这是提高多媒体教学效果的一个重要条件。[9] 因此，图片、动画、音频、视频等形式的教学内容适合用于多媒体演示，而大量丰富的影视文学作品是多媒体素材中的重要来源。

文学"再现""生活"，而"生活"在广义上则是一种社会现实，甚至自然世界和个人的内在世界或主观世界，也从来都是文学"模仿"的对象。[10] 由于人文学科较少依赖田野作业或器械设备工具，因此形象生动的影视文学作品成为构建人文学科场景式课堂教学的一个可资利用的资源。著名学者徐葆耕先生认为，现代中国 20 世纪 60 年代以后的人对日本侵华的记忆，70% 来自电影或其他，30% 来自教科书，《地道战》《地雷战》《铁道游击队》《平原游击队》等构建了抗日历史。影视作品在塑造国民历史观念方面的作用是毋庸置疑的。尽管当下不少"戏说""穿越"之类的通俗影视作品在一定程度上模糊乃至歪曲了人们对历史的理解，但必须指出的是，严肃意义上的影视作品仍然是理解特定时代的一个重要窗口。在学术界，已有许多学者从小说、电影、电视剧等不同文学文本解读其所反映出的特定时代风貌、城市生活、权力关系等层面的社会现实。尽管这些影视作品的产生过程决定其所反映的时代及研究者的解读仍属管中窥豹，但其所具备的丰富影像和视觉感官体验能够大大弥补单纯依赖文字材料所构筑的时代图景。

3　电影《1942》在"中华民国史"课堂教学中的运用二例

面向全校本科生开设的"中华民国史"公选课程，既要向不同专业，尤其是大量理工科专业的学生进行历史知识的普及，同时又要避免教学内容与现行高校培养方案中的"中国近现代史纲要"等公共必修课过度重合，从而影响教学效果。笔者根据"中华民国史"课程教学大纲设计的教学内容中，将"抗日战争的相持阶段"作为一次课程的主题内容。为求超越常规历史教材中根据传统革命史范式将该主题内容切分为根据地抗日政权的建立、民众抗日救亡斗争的发展、日本在沦陷区的统治、国民政府的抗战举措等二级标题版块，笔者以据刘震云小说《温故一九四二》改编成的电影《1942》为素材，进行了相应的课堂教学设计。

杭州师范大学本科生公选课每周一次，周学时为3个课时，故"抗日战争的相持阶段"专题的总课时数为3。课前，笔者布置了解影片《1942》的内容及相关评论的预习任务。在课堂教学伊始，首先用4分钟阐明本次课的教学及教学内容，即通过对一部反映抗战时期中原地区灾荒及政府应对情况的电影，从侧面理解灾害、宗族、战争、政权交错缠结下民众的生存状况。随后，笔者用6分钟就抗战时期正面战场与大后方概况做了背景介绍，使学生了解该部电影反映的时代背景。接下来，笔者介绍了电影内容梗概，并选取用 Moviemaker 视频分割软件截选的电影中6个代表性视频片段，在课堂上分段播放。每播放一个片段，笔者即通过预先的问题设置将学生进行分组，展开短暂的小组讨论，后听取小组代表发言，最后教师总结概括。平均每个课时完成两个片段的学习体会。下面试举二例。

片段一（影片第24分14秒至26分44秒）：国民党军队与日军在河南地区迅速集结，双方拟展开一场大规模拉锯战，河南省政府主席李培基面见驻扎河南的第一战区司令长官蒋鼎文，商议因灾荒而减免军粮一事；（影片第45分18秒至47分00秒）：国民党军队与日军在河南展开战斗，正当蒋鼎文准备发起全面进攻之际，接到蒋介石电报，从而不得不进行战略撤退。

问题思考：（1）由片段中蒋鼎文与李培基两人因军粮问题产生的争执，你能联想到什么？（2）蒋鼎文对蒋介石的"甩包袱"措施持什么态度？你是否认同这种措施？（3）你认为这个片段是否与史实相符？

小组讨论及代表发言。（15 分钟）

教师总结概括（15 分钟）：第一个问题反映出国家与个人在战争这一特殊时期中的价值排序冲突。国家的强大仰赖于每一个个体生命、家庭的健康发展，但在面临战争这一资源极度匮乏、稀缺的时期，有限资源应当按照伦理本位的原则，首先保证灾民的生存，还是应按照政治本位的原则，首先保证国家主权不受侵犯，是一个两难选择。第二个问题中，蒋鼎文对蒋介石的"甩包袱"措施持复杂态度。一方面，蒋鼎文亲临河南战区，看到河南灾荒的真实情景。另一方面，身为国民党军队高级将领，蒋鼎文认可蒋介石"丢卒保车"这一不得已的手段，并执行了蒋介石的命令。第三个问题，该片段与史实并不完全相符。据现有史料考证，1942年夏初，河南省周边不少县因旱情严重相继往省政府报灾，但省政府认为各县为了避免多出军粮，故意谎报灾情而采取消极态度。加之 1940 年河南出兵出粮，属全国之冠，省长李培基和粮食局长卢郁文受到蒋介石的嘉奖，由此导致他们不肯立即将灾情上报中央。时为河南省政府主席的李培基在大灾来临之际将主要精力放在配合国民政府的战略防御方面，刻意瞒报、缓报了灾情，从而与影片中为民请命的正面形象不完全吻合。反倒是影片中因不同意减免军粮而略呈负面形象的蒋鼎文，尽管事实上的确未同意李培基的请求，但蒋鼎文随即赴中央面见蒋介石，申报河南灾情，但因为李培基没有如实申报，他的申报反而被中央训斥，由此导致河南省的军政双方为此结下怨恨，反映出政治与军事关系的复杂性。

片段二（影片第 1 时 36 分 26 秒至 1 时 45 分 20 秒）：针对河南灾情，国民政府发放八千万斤赈灾粮展开救济。在洛阳战区，军队与地方商人在赈灾粮发放过程中的暗中勾结，中饱私囊，大发战争财以及随后在逃荒灾民中挑选年轻女性服侍地方军政长官的过程。

问题思考：（1）从该片段中如何反映出国民党政权的溃败命运？（2）你如何看待老东家女儿在一家人濒临饿死的边缘用骨

肉分离的卖身为家人换回四升小米的行为？

小组讨论及代表发言（15分钟）。

教师总结概括（15分钟）：该片段从侧面折射出国民党政权蝼蚁之穴溃千里之堤的过程。在这一过程中，地方商人、军政要员、差人、妓院老鸨等不同角色与身份的人基于自身利益的合谋既葬送了众多灾民的生存希望，也葬送了政权存在的合法性。蒋介石认为摆在1942年的大事非常多，他唯一认为最小的事是河南闹灾这件事，灾难以及灾难中当局者的态度形成了巨大的反差和鲜明的对比，蒋介石一生戎马却不体恤民心，最终导致了国民党政权1949年的覆亡命运。老东家的女儿原本有着优厚的家庭条件，也受过良好的新式教育。但一场灾荒让她变身孱弱的灾民。她从"白富美"到"卖身女"的过程既体现出灾难和战争的双重交织对生命个体的无情改变与残酷吞噬。从骄傲的女孩到丧失了自信与自尊的女人，人物的心态性格命运呈现出彻底的改变和颠覆。其中反映出的人性在暴虐与残酷的生存现实面前的脆弱与坚韧交织，亲情与绝情并存的复调色彩，值得我们每一个观影者思考。

4 教学效果与问题探讨

该教学实践收到了良好的课堂效果。首先，围绕着特定影视文本展开具体分析的授课方式有效结合了传统授课方式与现代多媒体技术，建构出特定历史时期的"现场感"，增添了课堂的互动效果与趣味性。其次，由于课前布置的预习任务，不少同学对引入的影视文本有一定了解，更有一些同学甚至已经看过要讨论的影视文本，由此导致在小组讨论中他们不仅能够表达自己的观点，形成了讨论氛围，又通过在课堂中再次观摩部分片段，加深了对影片与特定历史时期的理解。再次，通过教师的总结概括，深化了对课堂展示的视频片段的理解，既丰富了学生对该历史时期的认识，也使学生掌握如何通以小见大，通过对特定文本或资料的解读与分析，透视一个时代的宏观社会结构与社会变迁的探索式学习方法，强化了学生的自主学习能力。

然而，该教学方式也存在一些需要注意的问题。首先，教师应遵循意识形态导向、文本自身的艺术性与真实性等原则认真筛选影视文本，对一些不良或过于通俗的影视文本应主动过滤。其次，教师本人不仅要对选取的影视作品的产生过程、时代背景、中心思想、主要人物、基本情节及相关批评反响等方面有基本了解，更在小组讨论环节掌握学生的欣赏趣味、知识结构、对影片的理解程度等相关信息，从而能够在场景式教学的实践中激发学生的参与积极性。最后，该教学方式因旨在以互动参与的模式建构学生的"现场感"体验，故有别于传统建构框架体系式的教学方法，从而使教师在总结概括环节不仅要对课堂展示片段背后的政治制度、社会变迁、观念冲突等深层次问题进行提炼升华，还要对课程原有的知识框架进行由点及线、由线及面的梳理，方能达到驾驭课堂，使学生达到学习迁移的目的和掌握相关知识的效果，否则易导致学生接受信息与知识点过于碎化，缺乏有效整合的问题。

参考文献

[1] 乔玉香 . 2010. 地方高校公选课教学与管理中存在的问题及改进策略探讨 [J]. 当代教育论坛 (综合研究), 12.

[2] 孙萍 . 2011. 试论高校公选课建设的作用 [J]. 西南农业大学学报 , 10.

[3] 徐燕 , 吴慧华 . 2009. 地方院校公选课质量调查分析 [J]. 湖南师范大学教育科学学报 , 6.

[4] 王俊生 . 2011. 动机视角下公选课教学与管理问题探析 [J]. 扬州大学学报 (高教研究版), 6.

[5] 华中师范大学 "中国近现代史纲要" 课题组 . 2009. "中国近现代史纲要" 学

生学习和课堂教学状况的调查研究 [J]. 中国大学教学 , 4.

[6] 李云汉 . 2013 . "场景式" 教学法初探 [J]. 语文教学通讯 , 3.

[7] 钟启泉 . 2008. 场景式教学：一种新的教学方式——日本学者多田孝志教授访
谈 [J]. 全球教育展望 , 6.

[8] 关于场景式教学在上述该学科的教学应用探讨 , 参见蔡运林等 . 2012. 模拟
场景教学的应用研究——以《外科学》教学为例 [J]. 科技创业 , 5. 陈萍等 .
2014. "场景式" 教学法在城乡规划专业外语教学中的运用 [J]. 中外建筑 , 6. 吴
珍珍 . 2012. 陪团导游场景教学模式探析 [J]. 企业导报 , 13. 庄西真 . 2008. 中
等职业学校专业技能课 "工作场景教学模式" 初探 [J]. 职教论坛 , 2.

[9] 林众 , 冯瑞琴 . 2006. 多媒体教学中的认知机制 [J]. 教育研究 , 7.

[10] 勒内·韦勒克 . 2005. 文学理论 [J]. 刘向愚等译 . 南京：江苏教育出版社 : 100.

语言教学过程中的集成观

张　薇[*]

近年来"高校课程改革"始终是我国高等教育工作中的一个热点问题。自 20 世纪 80 年代以来，我国的高等教育经历了一个不断细化的过程，直接表现为各学科高度分化和专业化。这样的专门化教育当然取得了巨大的成效：培养了一大批具有高、精、专技术的人才，使各学科在短时间内实现了快速发展。但随着研究层次的不断提升，我们越来越频繁地碰到许多"瓶颈"问题，而这些问题的解决往往需要借助相关、相邻学科的知识、方法，即需要用"集成"的眼光去看待教育的发展。所谓"集成"即将有关成分组成统一体。唐孝威（2011）明确指出："现代科学技术发展的一个重要特征是各种不同学科的相互交叉、渗透和融合。在许多具体的科学领域中，深入细致的科学研究使学科高度分化和专业化；同时各个学科的研究需要其他相关学科的参与，通过学科之间的知识集成和技术集成，实现不同学科的交叉研究，并由此产生许多新兴的边缘学科。"因此，如何真正做到以"集成"的眼光设计、建立、安排当前的高等教育是值得我们思考的问题。本文以传统学科中文系中的语言类课程的设置为例进行分析讨论。

中文系是我国高校中的传统优势专业，从部属院校到地方院校，基

---

* 张薇，杭州师范大学人文学院副教授。

本都有该专业的设置。但从近年来的发展趋势看，无论是培养方式、知识模块，还是该专业人才对社会需求的吻合度上都遇到了巨大挑战。因此，我们有必要对中文系的课程设置、教育模式进行优化整合。中文系全称为"中国语言文学系"，从名称即可知包括"语言"和"文学"两大模块，但以目前大多数高校中文系的课程设置来看，普遍存在着"重文学、轻语言"的问题，许多高校的语言类课程仅仅依靠现代汉语、古代汉语、语言学概论这三门主干课程来支撑，完全不能与课程丰富、层级繁杂的文学类课程相媲美。以致学生认为语言类课程是可有可无、无足轻重的课程。但事实上，语言学是人文社会科学向自然科学过渡的学科，语言类课程是中文系中相对偏向科学技术型的课程，是理论思维训练和方法指导并重的课程。科学规划并认真实施该类课程的教学，对学生的总体专业认知、研究思路及研究方法的培养起着极为重要的作用。

完成中文系语言类课程的改革首先需要组建一个呈梯队分布、具有良好执行力的团队，该团队应包括以下两个要素：第一，团队的每一个成员都应该有根植于心的"集成观"，即充分认识到从基础性的语言学课程到提升性的语言学课程是一个有机整体，我们的语言学教育应让语言学的本体论、方法论和认识论三个领域形成一个有机的逻辑结构体系，克服以往课程之间缺乏逻辑联系，以致于知识体系或重复或缺漏。因此，该团队应经常进行沟通切磋，彼此了解不同成员间的教学内容、教学进程，由团队负责人进行协调安排、统筹规划，力求做到各成员的教学内容"分则成章，合则成篇"，形成一个融洽和谐的"教学共同体"。第二，团队成员的知识结构应为交叉互补，涵盖传统语言学和新兴语言学的众多领域，保证整个教学团队知识结构的完整性和层次性。当今语言学流派异彩纷呈，各种思潮接踵登场，研究方法亦呈现多元趋势，教学团队的梯队化能保证让学生在课堂中感受到传统语言学理论和方法与新兴语言学理论和方法之间的激荡碰撞，刺激学生在各派理论和多元方法中异中求同、同中辨异。

在建立优良团队的基础上，我们需要制订一个完善且具有可行性的实施方案。以往的语言学改革多从"量"上进行，即由语言学教师在基础课程的基础上自行申报，缺乏整体性，因而我们应站在集成论的高度上，重建和优化语言类课程。唐孝威（2011）指出，"集成现象的一组重要概念是建构和重建。集成过程是系统不断地建构和重建的过程。建构指构造与建设，重建是重新建构的意思。集成过程具有曲折性。在集成过程中常常根据需要去粗取精，删除多余的及不合适的部分，并对初步结构进行重建。"而建构和重建的目标则是"优化"，他还指出，"在集成过程中，有集成目标的优化、集成部件的优化、集成方案的优化、集成方法的优化，等等。对于人进行的集成过程，存在人的主动选择，通常要通过评估、试验、比较、选择来达到这些优化。"[1]基于这一思想，我们认为中文系的语言类课程应从三个层次上进行重建和优化：第一层次为基础课程；第二层次为专业课程；第三层次为交叉课程。下面依次阐述：

被列为第一层次的"基础课程"其实是完成语言学内部的集成。传统课程设置中，"现代汉语""古代汉语""语言学概论"是三大支柱性课程，但各任课教师往往各自为政，所以让学生觉得课程内容重复，这一点特别明显地体现于"现代汉语"和"语言学概论"课程中，因为两门课程都以语言、词汇、语法这一体系安排课程内容，所以，学生在学"语言学概论"课程时往往对所学内容有种似曾相识的感觉，甚至产生"炒冷饭"的感叹。所以在构建这一层次的教学内容时，我们应该充分评估、比较各门课程的内容和特性。"现代汉语"是中文系学生接触到的第一门语言类课程，它所指向的研究对象最为广大学生熟悉，且与中学语文教学密切衔接。因此，对该课程的定位应为深化对现代汉语语言事实的认知，能更深入、客观、理性地认识语言现象，学会用理论的眼光分析实际语言生活中所碰到的现代汉语问题。紧接"现代汉语"的是"古代汉语"课程，该课程的基本立足点仍然是对语言事实的把握和运用，只是教学对象转向了"古汉语"。通过该课程的学习，希望学生能掌握基本的古汉语阅读能力，具备基础的古汉语常识。"语言学概论"课程是对前两门课程的提升、总结。"现代汉语"和"古代汉语"课程更侧重对特定语言事实的描写分析，要求学生掌握基本语言运用能力，而"语言学概论"则更侧重探索不同语言之间的共性特征和语言规律，之前所学内容可为其提供语料支持；另外，可引入外语、方言、少数民族语言材料，将学生的语言学学习引入理论层面，让他们初窥语言学研究之门径，逐步养成开放多元的思维方式以及独立自由的评判意志。

第二层次的专业课程实为提升性课程，即在深度、广度两个维度上拓宽语言类课程。从目前状况来看，在深度方面，各学校都做了一定拓展，如开设"古汉语史""语法研究""词汇研究""文字学""训诂学""音韵学"等课程，对某些专题进行深化、细化，让学生能对特定知识点有更深入的认识和理解。教师也可依托这些课程向学生介绍该领域最新颖最前沿的研究成果及教师个人研究成果，可激发学生对语言学的研究兴趣，为发现培养具有研究风格的人才做好准备。但在教学的广度上，大多数高校的中文系尚缺乏相应的拓展，如大多数中文系的本科学生将语言和文学相割裂，认为语言和文学是各自为政的两个学科。但事实上，语言和文学是相辅相成、互为支撑的两个学科，语言研究常以文学作品作为支撑材料，文学的发展又常以语言学的进步作为推动力。因而，可开设一组语言和文学（文化）相交叉的课程，如"语言与文化""方言与文化""言语交际学""语用学"等课程，通过这类课程，可让学生深刻认识到文化和语言之间具有深厚的渊源，语言和文化是共生的。在中文系的课程设置中"文学"和"语言"可以形成一个有效的集成。

第三层次的交叉课程主要侧重于中文系语言类课程和其他课程的交叉融合，是语言类课程与其他学科的"集成"。20世纪90年代后期，我国的高校教育开始意识到文理交融的重要性，认为理工科的学生应该具有相当的人文情怀，而人文社会学科的学生应具有一定的逻辑理性思维。但相当多高校的做法仅仅局限于在理工科专业开设大学语文类课程，在人文社会学科开设大学数学、大学物理等课程，所谓的文理交融仍是两张皮。而事实上类似于中文系的语言类课程却是文理交叉学科的最好切入点。从知识层面而言，语言类研究会大量涉及统计、逻辑等内容。从学科层面而言，语言类研究已与计算机、脑电等学科密切联系，因而，对此类内容的介绍会让学生真正体会到文理交融的内涵。当然，鉴于课程内容的特殊性，这一层次的课程可以专题讲座、师生沙龙的形式进行，旨在拓宽学生的专业视野，培养学生的学术兴趣，指示学生的研究门径。

通过这三个层次的协调配合，或许可以实现集成论所期望的"临界和涌现"。唐孝威（2011：60）指出："在集成过程中不断发生量变，当集成过程中的量变达到一定程度时，系统出现质变，系统在临界条件下会出现新的特性。涌现是集成过程在一定条件下，系统发生质变，出现原来各成分并不具备的新特性的现象。临界条件是系统集成过程中由量变发生质变，并涌现新特性所需要的条件。"因此，通过这一系列的整合、集成，我们或许可实现让语言学教育真正融入到素质教育中去这一目的。首先，可以真正提高学生的实际语言运用能力。中文系学生大多会从事与语言文字密切相关的工作，因而需要学生具有理性、客观、灵活、准确的语言使用能力，而不是仅仅依靠语感作判断。而且，当学生对语言的一般规律、共性特征有了一定了解后，对学习外语也是大有裨益。其次，借助系统的语言类课程的训练，我们可以培养科学的思维能力，确立观察世界和研究事物的观点，找到处理事件和解决问题的方法，建立终身学习的能力。

参考文献

[1] 唐孝威 . 2011. 一般集成论——向脑学习 [M]. 杭州：浙江大学出版社 .

第三篇　语言集成论

语言理解的信息集成机制

赵 鸣[*]

1 引言

当我们对于一个客观事物进行感知时，大脑需要对该事物的形状、大小、颜色、方向等属性特征进行加工，并将这些分散的信息合理组织集成为一个有机体。在语言理解的过程中，同样存在信息集成的加工过程。语言系统是一个层级体系，处于底层的是一套音位系统，不同音位的组合为语言符号的传递提供了声音载体；其上是音义结合的语义层，是语言概念表达的基础，最上层是一套句法规则系统，用以编排组织合理正确的语言形式。对于不同层级的语言信息加工由不同的大脑语言功能区负责，因此，从语言单位构成要素的角度看语言理解的过程，实际上就是语音、语义、句法等方面信息进行集成的过程，也是大脑多个语言功能区相互作用、信息传递的动态过程。

---
[*] 赵鸣，中国矿业大学公共管理学院中文系副教授。

2 语音加工的相关脑区

2.1 音位加工脑区

失语症患者的临床研究发现，韦尼克失语症（Wernicke's aphasia）和经皮质感觉性失语症（transcortical sensory aphasia，TSA）是两种典型的听觉语言理解障碍。韦尼克失语症理解障碍是由语言优势半球的颞上回或颞上回后部引起的，受损脑区还可以向下扩展到颞中回或向后延伸至颞—顶—枕相接组织。引起 TSA 听觉语言理解障碍的受损脑区是颞—顶—枕相接组织，但患者的颞上回或颞上回后部的脑区基本无损。Hickok（2000）对这两种失语症症状进行了综合性分析，认为 TSA 听觉语言理解障碍不是由言语感知能力障碍引起的。其根据是，TSA 患者具有完整的言语复述能力，这说明 TSA 患者依然具有完整的音位感知加工能力，其听觉理解困难应该是音位后期加工存有障碍，这也说明颞—顶—枕相接组织可能涉及听觉理解的语音后期加工机制。与 TSA 患者相比，韦尼克失语症患者理解能力的损伤原因仍不能确定，因为其言语复述能力也受到损伤。Hickok 认为韦尼克失语症患者的音位感知能力受到损伤，但程度较轻，并由此推断韦尼克失语症和 TSA 患者病变脑区的重叠部位——颞叶后上部是语音感知加工重要的神经基质。这一结果与脑成像方面的研究一致。脑成像研究发现，在语音加工过程中显著性激活颞叶，且顶枕区也有显著性激活表现，说明顶枕区同样协调语音加工，从而激活区构筑了颞—顶—枕语音加工的工作网络（Zhang 等，2004；Booth 等，2006）。另外，双侧的颞上回后部也被认为是构建语音信号言语表征的主要神经基质（Hickok 等，2000[30]；Poeppel，2001[42]）。

综合大量失语症临床研究和脑成像研究结果，Hickok（2000）认为语音音位感知机制很可能是由两条不同的加工路径构成：第一条是腹部路径，主要涉及颞—顶—枕相接处附近的皮层。这一路径主要负责把以语音为基础的言语感知皮层和负责声音感知皮层相连接，因此在需要通达大脑词库的实验中常有显著性激活表现；第二条是背侧路径，主要包括顶下回和额区系统。这一路径在需要明确通达某个亚词汇言语片段的实验中起重要的作用。

2.2 韵律加工的脑区

临床研究发现，韵律加工主要涉及大脑右半球。Bryan（1989）通过考察被试判断疑问和陈述语气的语调曲拱（intonation contour）实验发现，当音段信息（segmental information）减少，判断时对于语调曲拱信息的依赖性增强时，右半球损伤患者对实验任务的完成情况要远远差于左半球损伤患者；而当音段信息保留时，情况却恰好相反。[12] Bryan 由此推测右半球主要负责相关句子层面语言的韵律加工。其他针对脑损伤患者的临床研究也均有类似发现，即韵律加工具有右半球的偏侧化（Liang 等，2004[39]；Law 等，2001[38]；刘丽等，2004[4]）。相关的脑功能成像研究进一步把负责韵律加工的脑区定位在额下回、颞上回以及顶枕区（Liu 等，2006[40]；Gandour 等，2004[25]；Tong 等，2005[63]；Zatorre 等，2002[67]）。

2.3 音位和韵律加工的大脑认知模型

音位和韵律加工的大脑认知模型可以大体上划分为两大类：一类是基于声学特征的模型；一类是基于语言功能的模型。

2.3.1 基于声学特征的模型

基于声学特征的音位和韵律加工模型的构建指导思想是，语言声音（包括韵律）的感知加工与复杂的听觉刺激的感知加工应该是一致的，即语言的声音加工和非语言的声音加工具有一致性。对于非语言声音信号我们可以从时间长度、变化快慢、频率高低等方面进行加工分析，因而负责音位、音节加工的语音加工和负责词语重音、声调、语调加工的韵律加工，同样可以依据声学特征的不同而存在不同的加工方式和功能脑区。以这种思想所构建的较有影响力的语言声音加工模型有以下几种：

（1）以频率高低为划分标准的模型。其代表是 Ivry 和 Robertson（1998）提出的"双重过滤频率模型"（the double-filtering-by-frequency model，DFF）。DFF 模型认为，所有的声觉感知都起始于对刺激频谱表征的分析，首先通过注意过滤器（an attentional filter）来决定相关信号分析的频率域，然后对这一频率域进行感知加工。但是这种加工具有不对称性，声音信号的高频部分（音位、音节）在左半球加工，低频部分（重音、声调、语调）在右半球加工。

（2）以时间长短为划分标准的模型。Dogil 等（2002）提出韵律框架（prosodic frame）的大小是决定半球偏侧化的关键因素，[20]Poeppel（2003）构建的"不对称采样时间"（asymmetric sampling in time，AST）加工模型是对 Dogil（2002）理论的继承和发展。[50]AST 模型认为言语信号输入的初始表征阶段，双侧半球是对称性加工，然而超过这个初始表征期，言语信号不同的时程特点将决定大脑语言声音加工的不对称性：左半球听觉皮层将优先从 20—50 ms 短时窗内提取集成信息，且采样频率较高，通常为 40 Hz 左右的 γ 波段；右半球听觉皮层优先从 150—250 ms 长时窗中提取集成信息，采样频率较低，通常为 4—10 Hz 左右的 θ 波段和 α 波段。因而，属于长时窗低频的韵律加工脑区呈右侧化；属于短时窗高频的音位加工脑区呈左侧化。

（3）以时间和频谱为划分标准的模型。Zatorre（2002）认为音位加工与韵律加工相比，音位为快速转变的宽频带的声音表征，因而对于时间上的分析要求较高，韵律具有转变速度较慢的声学特点，加工时要求对频谱的分析较多。而左、右半球分别具有时间上分析和频谱分析的不同优势特点，即左半球负责调节和加工时间信息，右半球负责调节和加工频谱信息，因而音位加工呈左侧化，韵律加工呈右侧化。[67]

综上，尽管基于韵律声学特征的假说划分依据具有差异性，但是基本都认为左半球负责语音相关的音位、音段加工，右半球负责韵律相关的重音、声调、语调加工。

2.3.2　基于语言功能的假说

基于语言功能的假说构建思想是，语言声音（包括韵律）的感知加工与复杂的听觉刺激的感知加工应该是不同的。具体来说，复杂的听觉刺激的感知加工应由听觉皮层统一负责；而语言语音信息的编码、解码是由语言高级皮层区负责，词汇声调、重音和句子语调等韵律信息由于其具有特殊的语言功能，应该在不同于音位加工的脑区进行表征。认同于这种观点的假说有：

（1）语言韵律加工呈左半球偏侧化，情绪韵律加工呈右半球偏侧化（Ross & Mesulam，1979）。

（2）"吸引假说（attraction hypothesis）"（Shipley-Brown 等，1988[58]）。该假说认为不同的偏侧化是声音的声学特征和功能相互作用的结果。当音高起标识情绪作用时，在右半球进行加工；而当音高具有语言信息表达作用时，则在左半球进行加工。韵律信息具有非音节的声学特征越多时，越偏侧于右半球的加工，语言韵律感知是通过胼胝体由两个半球共同合作而完成的。Gandour（2000）继承和发展了这种理论。他以说泰语、汉语、英语的被试对于泰语词汇声调不同的感知情况为依据，提出语言的语音单位，无论是超音段的韵律加工还是单一的音段加工，其神经基质都是在左半球靠近布洛卡区的外侧裂沟，而不具有言语功能作用的音高加工则在右半球完成。对于韵律的感知和加工只由韵律本身的功能作用决定，同时不受语言经验的影响。

（3）动态化双通道模型（dynamic dual pathway model）（Friederici 等，2004[22]）。这种模型认为听觉的言语理解需要不同的加工区同时协调进行。在听觉信号的初级分析后，脑区加工系统要抽取出不同表征的语言信息，如音位、句法、词汇—语义信息，以及声调、重音、语调等超音段信息。句法、语义和音位信息主要在左半球的颞—额路径下加工，而句子层面的韵律加工则主要在右半球的颞—额路径下进行加工。脑区的偏侧化是刺激特征和信息加工要求相互作用的结果，语言声音不同层次的加工过程是通过双通道由左、右半球交互作用的加工过程。

3　语义加工的相关脑区

3.1　颞叶

针对失语症患者的临床研究最早揭示出颞叶与语义加工关系密切。韦尼克失语症患者具有典型的语义表达障碍，表现为语量较多，言语流利，一分钟可以说一百字以上。患者可以没有停顿地说，以致有些患者需要加以制止，方能停止说话。并且，尽管患者说话的发音和语调正常，却不能表达出正确的语义。时常出现找词困难，使用长句来解释一个说不出的词，或者不停地说出一串无意义的词，话语内容空洞，伴有严重的理解困难（高素荣，1993[1]），因此韦尼克失语症患者的言语行为很可能是执行、控制词汇—语义加工的能力受到损害造成的。一般引起韦尼克失语症的病灶部位主要在左侧颞上回后部，所以研究者推断颞叶是大脑的语义加工区。这一观点在脑成像研究中也得到佐证，在针对语义加工机制的脑成像研究中均发现有颞叶的激活（Tan 等，2000[61]；彭聃龄等，2003[5]；Luke 等，2002[41]；郭起浩等，2004[2]；Mo 等，2005[46]；金花等，2005[3]；Booth 等，2006[11]）。

3.2　额下回

Petersen 等（1989）通过 PET 实验最早证明左半球额下回与语义加工具有关联性。该实验的语义加工任务是让被试说出与所呈现的名词在意义上相近的动词，基线任务设计为简单的单词复述任务，实验结果发现与基线任务相比，语义加工任务显著激活左侧额下回。Petersen 等人根据这一实验结果推测左侧额下回与语义加工相关。这一结论在后继研究中得到了充分的实验验证（Buckner 等，1995[13]；Shaywitz 等，1995[57]；Klein 等，1997[37]；

Chao 等，1999[17]）。

但是也有学者对于额下回负责语义加工的观点存有质疑，认为额下回脑区并非直接负责和参与语义信息加工。持这一观点的研究者认为，考察语义加工脑区的大多数实验在设计上，所使用的探测语义加工的实验任务难度要远远大于基线任务（以反应时和正确率为标准），因而额下回的激活可能是由于实验任务难度增加导致需要付出额外加工资源造成的。Demb 等（1995）[19] 和 Roskies 等（1996）[55] 针对这一质疑进行了实验。以正确率和反应时为指标，实验所选择的语义相关的实验任务难度要小于基线任务。Demb 等（1995）语义加工任务是判断词汇语义概念是否具有抽象性，基线任务是判断所呈现词语的首字母与尾字母依照字母表排列顺序是上升关系还是下降关系（例如，CAR，上升关系；HOPE，下降关系）。实验结果显示，在任务完成加工难度较大的基线任务中，未发现有额下回的显著激活，而在语义判断加工任务中，额下回确有显著性激活。Roskies 等（1996）给被试呈现一对词语，探测语义加工的实验任务是判断词语是否为同义词，基线任务是判断词语是否押韵，实验结果显示语义判断任务中仍有额下回显著激活。这两个实验排除了部分研究者的存疑，有效说明了额下回的激活不是实验难度的增加引起的，而是与语义加工有直接的关系。

但是，额下回与语义加工相关的结论并未得到临床研究上的支持。在对脑损伤患者的调查研究中，额叶受损的患者多数不会伴有语义加工困难症状表现。Hagoort（1997）在对额叶受损患者进行的语义加工实验中说明，额叶受损的患者依然保有完好的自动化的语义启动效应，但是策略性的语义启动表现较差。[28]Randolph 等（1993）将双侧前额腹侧受损的言语流利的非失语症患者和言语流利的早老性痴呆症患者进行了比较实验。[52] 实验任务有两个，一是让被试在一分钟内尽可能多地列举出给定范畴内的（比如"动物"范畴）事物名称。在该任务中额叶受损患者与早老性痴呆症患者对实验的完成情况都低于正常人水平。实验二在实验一任务的基础上增加了限定性条件，如列举"生活在水中的动物"或"农场上的动物"等。在这组中，利用一定的语义线索，左侧额叶受损患者的任务完成情况基本接近于正常人水平，而早老性痴呆症患者的完成情况未有改善。Randolph 由此认为额叶对于策略性的语义控制和提取起到关键性作用，额叶受损造成的语义提取困难可以通过增加额外的语义线索进行弥补，但是早老性痴呆症患者颞叶功能衰退，造成语义存储严重受损，因而无法很好地完成语义提取任务。

据此，一些学者认为，负责语义的脑区加工网络是额—颞区，颞叶负责语义的存储和自动获取，额下回则主要负责将存储在颞叶的语义知识根据需要进行有策略地提取加工，并执行信息筛选功能（Fiez 等，1998[21]；Gabrieli，1998[24]；Noppeney 等，2002[48]）。

此外，也有一部分学者认为额下回的激活主要与额叶负责工作记忆有关。Ullman（2001）通过区分表述性记忆和程序性记忆，进而区分了大脑的词汇—语义系统和句法系统。[64]Ullman 认为词汇—语义系统与表述性记忆共享同一个资源系统，该系统主要由颞叶负责，尤其是与海马有关；而额叶则与陈述性记忆的选择或修正有关。Gabrieli 等（1998）所提出的"语义工作记忆假说"更是强调只有当实验任务需要运用工作记忆中的语义知识时，才会引起额叶的激活。Muller 等（2003）利用 fMRI 技术，让被试判断由视觉通道呈现的名词和动词词对（如 baby-cry，onion-write）在语义上是否具有关联性。[45]实验结果表明左侧颞中回和颞下回、额叶前部和额下回有显著激活。Muller 等在对实验结果进行解释时也将额叶的激活归因于"工作记忆"，认为被试在判断时，需要将呈现的第一个词语进行短暂的工作记忆存储，才能与其后出现的词语进行比较判断。另外，研究者还认为额下回的激活可能只与存储在工作记忆中的词汇表征的数目相关，只有当工作记忆中存储的数目表征较多时才会有额下回的激活。

4 句法加工的相关脑区

额下回损伤的布洛卡失语症患者具有典型的句法加工障碍，患者的谈话特点为非流利型失语输出（Nonfluence Aphasia Output），表现为语量显著减少，每分钟常少于 50 个字，严重者每分钟少于 10 个字；另一个话语特点是言语输出困难，说话不流畅，但是输出的言语多为关键词，能够表达意思，内容上呈"电报式"言语（高素荣，1993）。布洛卡失语症患者存在的语法缺失具体来说有三个方面：一、存在构建句子缺陷，无法按照正常语序进行表达。二、言语功能的存储不平衡，存在句法成分的选择性损伤。如实词存储较好，功能词和动词后缀存储受到损伤。三、有些患者不能理解语法复杂的句子（张清芳、杨玉芳，2003[6]）。来自功能性脑成像的结果也显示，在句法加工中额下回脑区显著激活（Luke 等，2002[41]；Ni 等，2000[47]；Indefrey 等，2001[33]）。

关于额下回所具有的句法功能仍存在争议。一种观点认为布洛卡区是某种句法形式的控制中心，失语症患者所表现的句法缺陷仅仅是由于对某一特定句式理解和生成能力损伤造成的。这种观点的理据是，在通常情况下，布洛卡失语症患者对于典型的句式（如主动句、主语从句）理解没有障碍，但对于非典型结构的句式（如被动句、宾语从句）存在理解困难。如 Grodzinsky 等（1999）对布洛卡失语症患者研究证实，患者对于被动句理解存在问题，但对于主动句的理解正确率可以达到100%。[26] 与之相反，另一种观点认为布洛卡失语症患者句法理解障碍不能与单一的句法形式对等起来。该观点认为布洛卡区具有句法运算的神经功能，负责对句法移动成分的表层位置和原有深层位置进行计算，因而当句子需要对移动成分进行深层结构上的句式转化时才存在理解困难。相关的研究也表明，布洛卡失语症患者对于主动句的理解正确率可以达到100%，很可能存在研究对象的个体差异，而并非是普遍现象（Caramazza 等，2001）。

5　语言信息集成的神经基础

综上，语言信息集成是多个层级信息综合作用生成整体意义过程，因而从广义上看，完整的信息集成过程至少应该具备：相关信息策略性的提取环节、信息的暂时性存储环节、集成加工环节。那么，从这个角度讲，如果要锁定负责语言信息集成的神经基础，那么该神经单元也应该相应地具备对这些环节进行操作加工的功能。

根据相关的研究结果，左侧前额皮层区（left prefrontal cortex，LPFC）可以看作是对语言信息集成的重要神经单元。这是由于 LPFC 具有对信息策略性的提取功能（Fiez 等，1998[21]；Kapur，1995[36]；Thompson-Schill 等，1997[62]；Gabrieli 等，1998[24]；Noppeney 等，2002[48]），根据相关的命题或语义关系对缺省信息进行填补的过程中都需要前额皮层的参与。比如相关世界知识的语义补充（Menenti 等，2008[43]；Hagoort 等，2004[29]）、非字面意义的语义提取（Stringaris 等，2006[60]）等。

LPFC 同时具有对信息的暂时性存储功能。由于语言符号具有线条性的属性特征，决定了集成对象一定来自于不同的时域，因而这必然要求大脑对时轴上首先出现的词语进行暂时性的存储，使其可以和出现在较晚时点上的词语相集成。在同指、移位等复杂句式结构的加工中，更需要对先于照应语和语迹呈现的先行词和填充语进行暂时性的存储。所以，语言集成单位需要具有对信息的暂时性存储功能。研究表明，前额皮层是人类和灵长类动物对于信息暂时性存储加工的重要执行单位。Jacobsen（1935）首先报道，猴的前额摘除后，在完成延缓反应任务（delayed response task）中的操作能力受损。[35] 延缓反应任务分为三个阶段，暗示阶段、延缓阶段、反应阶段。实验要求猴子在几秒或几十秒的延缓阶段内对某一空间位置进行识记，然后在反应信号出现后对这个空间位置进行操作。因此延缓反应任务本质上是空间性质的工作记忆任务。Fuster 等（1982）记录到在延缓期前额皮层有一群神经元选择性地持续放电，而在延缓期结束后，神经元的放电活动同时结束，说明前额皮层中的这些神经元负责编码相关的记忆内容。[23]Miller（2000）实验证明猴子的前额皮层可以对快速闪现的刺激保存数秒。[44]此外，在近年来有关工作记忆信息存储的脑成像研究中也都有发现前额区的激活（Smith 等，1996[59]；Aguirre 等，1998[7]；Gabrieli 等，1998[24]）。信息的暂时性存储功能对于语言信息集成作用重要，比如一些语言移位结构、回指结构中都需要工作记忆资源的投入，而在这些语言结构的加工都有LPFC的激活（Caplan 等，2002[15]；Bornkessel 等，2005[10]；Ben-Shachar 等，2003，2004[9]）。

　　另外，LPFC 在语言多个层面上都表现了其集成功能。Indefrey（2004）在综合分析了 28 个句子加工脑功能成像研究的基础上，指出 LPFC 的额下回后部可以提取不同词汇所包含的句法信息，而这一功能使 LPFC同时具有了可以把单个词汇集成到所在的短语结构中，并最终与全句句法结构相集成的操作能力（Hagoort，2005[28]）。研究还发现，与听觉呈现相比，当实验材料以视觉呈现时对于 LPFC 的激活程度更高，说明 LPFC 对于音位—词汇层的通达也发挥作用（Demonét 等，1992[18]；Zatorre 等，1996[67]）。在语义层面上，当一定条件下句子意义集成难度加大时，比如句子的命题数目增加（Caplan 等，2000[14]）、在歧义结构中需要根据命题排除与合适词项相竞争的关联性词项（Rodd 等，2005[53]）、命题理解需要集成世界知识（Menenti 等，2008[43]；Hagoort等，2004[29]），LPFC 也会有显著激活。此外，当语言理解和说话人伴随性肢体动作（Willems 等，2005[65]）、情绪（Holt 等，2010[31]）等相关信息集成时，LPFC 同样存在显著激活。

　　可以得到旁证的是，这些与集成相关的认知环节的加工过程应该在工作记忆的中央执行系统中完成，而相关的研究表明中央执行系统与前额皮层有很大的关联（Rosen 等，1997[56]；Postle 等，1999[51]），这也更进一步说明了 LPFC 是语言信息集成的神经基础。

6 结语

语言信息集成是一个极其复杂的认知加工过程。从语言单位构成要素间的信息集成的层面来看，语言的语音、语义、句法等信息的集成机制可以视为大脑多个语言功能区相互作用、信息传递的动态过程，并很可能最终由左侧前额皮层负责语言多方面信息的集成加工。

参考文献

[1] 高素荣. 1993. 失语症 [M]. 北京医科大学中国协和医科大学联合出版社（1999年两社分别独立）.

[2] 郭起浩，洪震，于欢，吕传真，周燕. 2004. 语义性痴呆的临床、认知和影像学研究 [J]. 中华神经医学杂志, 3(5): 363–365.

[3] 金花，刘鹤龄，杨娅玲，莫雷. 2005. 语义知识神经表征的研究：通道特异性或类别特异性 [J]. 心理学报, 37(2): 159–166.

[4] 刘丽，彭聃龄. 2004. 汉语普通话声调加工的右耳优势及其机理：一项双耳分听的研究 [J]. 心理学报, 36(3): 260–264.

[5] 彭聃龄，徐世勇，丁国盛，李恩中，刘颖. 2003. 汉语单字词音、义加工的脑激活模式 [J]. 中国神经科学杂志, 19(5): 287–291.

[6] 张清芳，杨玉芳. 2003. 言语产生的认知神经机制 [J]. 心理学报, 35(2): 266–273.

[7] Aguirre, G. K., Zarahn, E., D'Esposito, M. 1998. Neural components of topographical representation[J]. *Proc Natl Acad Sci USA 95*: 839–846

[8] Ben-Shachar, M., Hendler, T., Kahn, I., Ben-Bashat, D., Grodzinsky, Y. 2003. The neural reality of syntactic transformations: evidence from functional magnetic resonance imaging[J]. *Psychology Science*, 14: 433–440.

[9] Ben-Shachar, M., Palti, D., Grodzinsky, Y. 2004. Neural correlates of syntactic movement: converging evidence from two fMRI experiments[J]. *Neuroimage*, 21:

1320–1336.

[10] Bornkessel, I., Zyssett, S., Friederici, A. D., von Cramon, D. Y., Schlesewsky, M. 2005. Who did what to whom? The neural basis of argument hierarchies during language comprehension[J]. *Neuroimage*, 26: 221–233.

[11] Booth, J. R., Lua, D., Burmana, D. D., Chou, T-L , Jin, Z., Peng, D-L., Zhang, L., Ding, G. S., Deng, Y., Liu, L. 2006. Specialization of phonological and semantic processing in Chinese word reading[J]. *Brain Research*, 1071: 197–207.

[12] Bryan, K. 1989. Language prosody and the right hemisphere[J]. *Aphasiology*, 3: 285–299.

[13] Buckner, R. L., Raichle, M. E., Petersen, S. E. 1995. Dissociation of human prefrontal cortical areas across different speech production tasks and gender groups[J]. *Journal of Neurophysiology*, 74: 2163–2173.

[14] Caplan, D., Alpert, N., Waters, G. 2000. Activation of Broca's area by syntactic processing under conditions of concurrent articulation[J]. *Hum. Brain Mapp*, 9: 65–71.

[15] Caplan, D., Vijayan, S., Kuperberg, G., West, C., Waters, G., Breve, D., Dale, A. M. 2002. Vascular responses to syntactic processing: eventrelated fMRI study of relative clauses[J]. *Human Brain Mapping*, 15: 26–38.

[16] Caramazza, A., Capitani, E., Rey, A., Berndt, R. 2001.Agrammatic Broca's aphasia is not associated with a single pattern of comprehension performance[J]. *Brain and Language*, 76: 158–184.

[17] Chao, L. L., Martin, A. 1999. Cortical regions associated with perceiving, naming, and knowing about colors[J]. *Journal of Cognitive Neuroscience*, 11: 25–35.

[18] Demonét, J. F.,et al. 1992. The anatomy of phonological and semantic processing in normalsubjects[J]. *Brain*, 115: 1753–1768.

[19] Demb, J. B., Desmond, J. E., Wagner, A. D., Vaidya, C. J., Glover, G. H., Gabrieli, J. D. E. 1995. Semantic encoding and retrieval in the left inferior prefrontal cortex: a functional MRI study of task difficulty and process specificity[J]. *Journal of Neuroscience*, 15: 5870–5878.

[20] Dogil, G., Ackermann, H., Grodd, W., Haider, H., Kamp, H., Meyer, J., Riecker, Wildgrub-er, D. 2002.The speaking brain: a tutorial introduction to fMRI experiments in the production of speech, prosody and syntax[J]. *Journal of Neurolinguistics*, 15: 59–90.

[21] Fiez, J. A., Petersen, S. E. 1998. Neuroimaging studies of word reading[J]. *Proceedings of the National Academy of Sciences of the United States of America*, 95: 914–921.

[22] Friederici, A. D., Alter, K. 2004. Laterlization of auditory language functions: A dynamic dual path- way modal[J]. *Brain and Language*, 89: 267–276.

[23] Fuster, J. M., Bauer, R. H., Jervey, J. P. 1982. Cellular discharge in the dorsolateral pefrontal cortes of the monkey in cognitive tasks[J]. *Exp Neurol*, 77: 679–694.

[24] Gabrieli, J. D., Poldrack, R. A., Desmond, J. E. 1998. The role of left prefrontal cortex in language and memory[J]. *Proceedings of the National Academy of Sciences U. S.A*, 95: 906–913.

[25] Gandour, J., Wong, D., Hsieh, L., Weinzapfel, B., Van Lancker, D., Hutchins, G. D. 2000.A crosslingus-tic PET study of tone perception[J]. *Journal of Cognitive Neuroscience*, 12: 207–222.

[26] Grodzinsky, Y., Pinango, M. M., Zurif, E., Drai, D. 1999. The critical role of group studies in neuropsychology: Comprehension regularities in Broca's aphasia[J]. *Brain and Language*, 67: 134–147.

[27] Hagoot, P. 1997. Semantic priming in Broca's aphasia at a short SOA: no support for an automatic access deficit[J]. *Brain and Language*, 56: 287–300.

[28] Hagoort, P. 2005. On Broca, brain, and binding: A new framework[J]. *Trends in Cognitive Sciences*, 9 (9): 416–423.

[29] Hagoort, P., Hald, L., Bastiaansen, M., Petersson, K. M. 2004. Integration of word meaning and world knowledge in language comprehension[J]. *Science*, 304: 438–441.

[30] Hickok, G., Poeppel, D. 2000.Towards a functional neuroanatomy of speech

perception[J]. *Trends in Cognitive Sciences*, 4: 131-138.

[31] Holt, D. J., West, W. C., Lakshmanan, B., Rauch, S. L., Kuperberg. G. R., 2010. Neural Correlates of Emotional Expectancy During Sentence Comprehension. nmr.mgh.harvard.edu.

[32] Indefrey, P. 2004. Hirnaktivierungen bei syntaktischer Sprach-verarbeitung: eine Meta-Analyse. In Neurokognition der Sprache. (Mueller, H. M. and Rickheit, S., eds) pp. 31-50, Stauffenburg Verlag.

[33] Indefrey, P., Hagoort, P., Herzog, H., Seitz, R. J., Brown, C. M. 2001. Syntactic processing in left prefrontal cortex is independent of lexical meaning[J]. *NeuroImage*, 14: 546-555.

[34] Ivry, R., Robertson, L. 1998. *The two sides of perception*[M], MIT. press.

[35] Jacobsen, C. F. 1935. An experimental analysis ofthe frontal association areas in primates[J]. *Arch Neurol Psychiatry*, 33: 558-569.

[36] Kapur, S. 1995.The role of the left prefrontal cortex in verbal processing: Semantic processing or willed action?[J]. *Neuroreport*, 5: 2193-2196.

[37] Klein, D., Olivier, A., Milner, B., Zatorre, R. J., Johnsrude, I., Meyer, E., Evans, A. C. 1997. Obligatory role of the LIFC in synonym generation: Evidence from PET and cortical stimulation[J]. *NeuroReport*, 8: 3275-3279.

[38] Law, S. P., Or, B. 2001. A case study of acquired dyslexia and dysgraphia in cantonese: evidence for nonsemantic pathways for reading and writing Chinese[J]. *Cognitive Neuropsychology*, 18: 729-748.

[39] Liang, J., van Heuven, V. J. 2004. Evidence for separate tonal and segmental tiers in the lexical.

[40] Liu, L., Peng, D., Ding, G., Jin, Z., Zhang, L., Li, K., Chen, C. 2006. Dissociation in the neural basis underlying Chinese tone and vowel production[J]. *NeuroImage*, 29: 515-523.

[41] Luke, K. K., Ho-Ling Liu, Yo-Yo Wai, Yung-Liang Wan,Li Hai Tan. 2002. Functional Anatomy of Syntactic and Semantic Processing in Language

Comprehension[J]. *Human Brain Mapping*, 16: 133-145.

[42] Poeppel, D. 2001. New approaches to the neural basis of speech sound processing: introduction to special section on brain and speech[J]. *Cognitive Science*, 25: 659-661.

[43] Menenti, L., Petersson, K. M., Scheeringa, R. and Hagoort, P. 2008. When Elephants Fly: Differential Sensitivity of Right and Left Inferior Frontal Gyri to Discourse and World Knowledge[J]. *Journal of Cognitive Neuroscience*, 21 (12): 2358-2368.

[44] Miller, E. K. 2000. The prefrontal cortex and cognitive control[J]. *Nat. Rev. Neurosci*, 1: 59-65.

[45] Muller, R. A., Kleinhans, N., Courchesne, E. 2003. Linguistic theory and neuroimaging evidence: an fMRI study of Broca's area in lexical semantics[J]. *Neuropsychologia*, 41: 1199-1207.

[46] Mo, L., Liu, H. L., Jin, H., Yang, Y. L. 2005. Brain activation during semantic judgment of Chinese sentences: A functional MRI study[J]. *Human Brain Mapping*, 24 (4): 305-312.

[47] Ni, W., Constable, R. T., Mencl, W. E., Pugh, K. R., Fulbright, R. K., Shaywitz, S. E., Shaywitz, B. A., Gore, J. C., Shankweiler, D. 2000.An event-related neuroimaging study distinguishing from and content in sentence processing[J]. *Journal of Cognitive Neuroscience*, 12: 120-133.

[48] Noppeney, U., Price, C. J. 2002. A PET study of stimulus- and task-induced semantic processing[J]. *NeuroImage*, 15: 927-935.

[49] Petersen, S. E., Fox, P. T., Posner, M. I., Mintun, M., Raichle, M. E. 1989.Positron emission tomographic studies of processing of single words[J]. *Journal of Cognitive Neuroscience*, 1: 153-170.

[50] Poeppel, D. 2003.The analysis of speech in different temporal integration windows: cerebral lateralization as 'asymmetric sampling in time'[J]. *Speech Communication*, 41: 245-255.

[51] Postle, B. R., Berger, J. S., D'Esposito, M. 1999. Functional neuroanatomical double dissociation of mnemonic and executive control processes contribution to working memory performance[J]. *Proceedings of National Academy of Sciences*, 96 (22): 12959−12964.

[52] Randolph, C., Braun, A. R., Goldberg, T. E., Chase, T. N. 1993. Semantic fluency in Alzheimer's, Parkinson's, and Huntington's diease: dissociation of storage and retrieval failure[J]. *Neuropsychology*, 7: 82−88.

[53] Rodd, J. M., Davis, M. H., Johnsrude, I. S. 2005. The neural mechanisms of speech comprehension: fMRI studies of semantic ambiguity[J]. *Cerebral Cortex*, 15: 1261−1269.

[54] Ross, E., Mesulam, M. 1979. Dominant language functions of the right hemisphere? Prosody and emotional gesturing[J]. *Archives of Neurology*, 36: 144−148.

[55] Roskies, A. L., Fiez, J. E., Balota, D. A., Ojemann, J. G., Raichle, M. E., Petersen, S. E. 1996, PET studies of semantic analysis[J]. *Soc.Neurosci.Abstr*, 22: 1110.

[56] Rosen, V. M., Engle, R. W. 1997. The role of working memory capacity in retrieval[J]. *Journal of Experimental Psychology : General* , 126 (3): 211−227.

[57] Shaywitz, B., Pugh, K., Constable, R., Shaywitz, S., Bronen, R., Fulbright, R., Shankweiler, D., Katz, L., Fletcher, J., Skudlarski, P., Gore, J. 1995. Localization of semantic processing using functional magnetic resonance imagine[J]. *Human Brain Mapping*, 2: 149−158.

[58] Shipley-Brown, F., Dingwall, W. O., Berlin, C. I. 1988. Hemispheric processing of affective and linguistic intonation contours in normal subjects[J]. *Brain and Language*, 33: 16−26.

[59] Smith, E. E., Jonides, J., Koeppe, R. A. 1996. Dissociating verbal and spatial working memory using PET[J]. *Cereb Cortex*, 6: 11−20.

[60] Stringaris, A. K., Medford, N., Giora, R., Giampietro, V. C., Brammer, M. J., David, A. S. 2006. How metaphors inf luence semantic relatedness judgments:

The role of the right frontal cortex[J]. *Neuroimage*, 33: 784–793.

[61] Tan, L. H., Spinks, J. A., Gao, J. H., Liu, A., Perfetti, C. A., Xiong, J., Pu, Y., Liu, Y., Stofer, K. A., Fox, P. T. 2000. Brain activation in the processing of Chinese characters and words: A functional MRI study[J]. *Human.Brain Mapping*, 10: 27–39.

[62] Thompson-Schill, S. L., D'Esposito, M., Aguirre, G. K., Farch, M. J. 1997. Role of left inferior prefrontal cortex in retrieval of semantic knowledge: A reevaluation[J]. *Proceedings of the National Academy of Sciences U. S.A*, 94: 14792–14797.

[63] Tong, Y., Gandour, J., Talavage, T., Wong, D., Dzemidzic, M., Xu, Y., Li, X., Lowed, M. 2005. Neur-al circuitry underlying sentence-level linguistic prosody[J]. *NeuroImage*, 28: 417–428.

[64] Ullman, M. T. 2001. A neurocognitive perspective on language: The declearative/procedural model[J]. *Neuroscience*, 2: 717–727.

[65] Willems, R., et al. 2005. The comprehension of gesture and speech[J]. *J. Cogn. Neurosci, (Suppl.)* 17: 231.

[66] Zatorre, R. J., et al. 1996. PET studies of phonetic processing of speech: review, replication, andreanalysis[J]. In Cortical Imaging-Microscope of the Mind (Raichle, M. and Goldman-Rakic, P. S., eds), (Special Issue) *Cereb. Cortex*, 6: 21–30.

[67] Zaorre, R. J., Belin, P., Penhne, V. B. 2002.Structure and function of auditory cortex: music and speech[J]. *Trends in Cognitive Sciences*, 6: 37–46.

[68] Zhang, J. X., Zhuang, J., Ma, Lifei., Yu, Wei., Peng, Danling., Ding, Guosheng., Zhang, Zhaoqi., Weng, Xuchu. 2004. Semantic processing of Chinese in left inferior prefrontal cortex studied with reversible words[J]. *NeuroImage*, 23: 975–982.

（本文部分内容发表于《中国民康医学月刊》2009 年第 9 期，第 394—395 页和《中国康复》2007 年第 5 期，第 356—357 页，选入本论文集时略有改动）

隐喻研究的集成趋势

王　琳　王小潞*

1　引言

在自然界、科学技术领域和人类社会中，集成现象是广泛存在的。"一般集成论指出，集成现象是复杂系统的普遍现象。在集成过程中，许多集成成分在一定环境中通过它们之间的相互作用以及它们和环境之间的相互作用，组织成为协调活动的统一整体。"[1] 在自然界中存在着大量的集成过程和集成作用，如物理世界中的凝聚现象、语言世界中的语码转换现象、生物世界中生物体的各种集成过程以及人脑和心理活动中的不同集成过程。集成不仅是一种现象，而且是观察世界和研究事物的观点，是解决问题和处理事件的方法，是将分散的各种成分构建为集成统一体的方法。[2] 隐喻现象的研究近年来就呈现出了集成的趋势。

隐喻是一种语言现象，但是隐喻本质上是一种思维过程。早在 1936 年 Richards 就指出"思维是隐喻的……语言的隐喻来源于此"[3]，直到 1980 年 Lakoff 和 Johnson 首次提出概念隐喻理论将隐喻认知研究不断推向高潮。之后的数十年中，研究者们为了探索隐喻的思维本质，从语言隐喻的研究延伸到辅助语言认知的其他隐喻研究，从隐喻的单学科研究

---

* 王琳，浙江工商大学外国语学院副教授；王小潞，浙江大学外国语言文化与国际交流学院教授。

发展到隐喻的多学科集成研究，即从语言学研究走向了语言学与哲学、符号学、心理学、神经科学、计算机科学等多学科交叉的研究，从定性分析走向了定量的实验检验以及定性和定量相结合的集成研究，特别是ERP、fMRI 等先进的技术手段为隐喻研究注入了新的活力，使我们对隐喻的研究不断深化。通过 Web of Science 数据库统计（见图 1），我们可以清楚地看到隐喻的集成研究趋势：近 10 年来，隐喻的心理学研究成果数已达到 242 部 / 篇，而在 1980 年以前只有 25 部 / 篇；隐喻的计算机研究发展迅速，近 10 年来，已达到 195 部 / 篇，而在 1980 年以前还尚未有人涉及；隐喻的神经科学研究方兴未艾，在近 10 年，已达到53 篇，而 1980 年以前只有 1 篇相关研究。

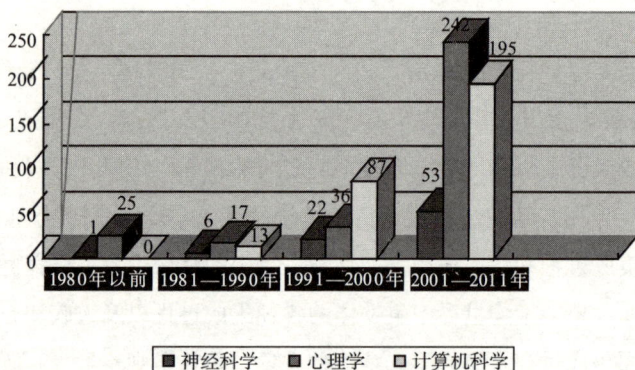

图 1　隐喻研究的集成趋势

束定芳指出，对隐喻现象的描述和解释仍然是现代隐喻学研究的两大目标，而要实现这两大目标，研究人员就要集中于三个核心问题的探讨和解决：隐喻的识别和根源问题；隐喻的工作机制问题和隐喻与思维的关系问题。[4] 隐喻的集成研究趋势对隐喻研究具有重要意义：其一，集成的观点和方法使隐喻研究更全面、更深入，通过集成研究使不同学科对隐喻的研究相互印证和补充。其二，集成研究使我们更加深入地探讨和解决隐喻的三个具体的核心问题。

2 隐喻研究对象的集成

一般集成论认为，集成是一种发展的过程，集成成分是在这个动态的发展过程中构建成为具有新功能的集成统一体。[5]隐喻并非只局限于语言现象，它有多种体现方式，例如图片、手势等。换言之，隐喻不仅存在语言层面的单模态隐喻，还存在于广告、漫画和音乐等多模态形式。描写的充分性和解释的完备性要求我们从各个视角扩展和丰富隐喻的研究对象。之前大部分研究局限于语言层面的单模态隐喻，近10年来，隐喻的研究对象逐渐从单模态转到多模态。多模态隐喻研究涉及多种语类中的双模态或多模态隐喻，如广告、漫画、音乐等模态中的隐喻。

隐喻的多模态研究克服了单模态隐喻研究循环论证[6]的弊端，使概念隐喻理论（Conceptual Metaphor Theory，CMT）等经典理论得到了有力地证实和发展。以往的隐喻研究对象为单一的语言，为此学界已经对于经典隐喻理论的普适性提出了质疑[7]，而非语言模态的隐喻例证和多模态隐喻研究可以弥补这一不足，它为隐喻的思维本质论提供了有力的证据。例如，於宁等通过研究广告中的多模态隐喻证实概念隐喻理论。於宁带领他的团队在分析中央电视台的一则公益广告中的多模态隐喻时，探讨了两个基本概念隐喻"人生是一场旅行（Life is a journey）"和"人生是一个舞台（Life is a stage）"的多模态隐喻，在此基础上说明了多模态隐喻对于复杂隐喻理解的作用。[8]再如，经典认知隐喻理论认为隐喻是具体域到抽象域的映射，而多模态隐喻普遍反映了始源域到目标域之间"具体—具体"的映射。实际上，在广告、时政漫画、卡通影片等语类中，大部分喻体均为形象的、具体的人物或产品，如图片隐喻"广告中的香水是个女人"和"广告中的口红是个男人"等。[9]又如，María J. Ortiz 以单模态视觉隐喻为语料，证明了 Grady 的基本隐喻理论（Primary Metaphor Theory）对分析视觉隐喻的重要作用，并且说明基本隐喻是分析非语言隐喻的有效单位。[10]

　　研究对象的多模态彰显了隐喻的动态性、叙事性、生动性，使隐喻的表征富含趣味性，使隐喻的生成和解读更具动感性和文化特异性，使抽象思维的过程实现外显性，并将隐喻和转喻的互动问题发展到相当的高度，突显了转喻的基础性地位。与单一语言表征的隐喻不同，多模态表征往往通过图像的编排、明暗的搭配使隐喻具有了生命力，或者通过音符的起伏跳跃、强弱的对比等手段使隐喻产生了活力，或通过视觉的推展建构始源域和目标域中相似的行为事件链，使得"隐喻脚本"（metaphorical scenario）[11]具备叙事性。正如 Forceville 所说，通过真实或想象中的隐喻行为才能理解隐喻的真正意义所在，因此隐喻的理解公式应该用"A-ING is B-ING"模式来代替概念隐喻理论所概括的"A is B"模式。[12] 目前，国内外学者已经做了大量多模态隐喻研究，例如，在《多模态隐喻》论文集中，Rosario Caballero 通过研究法国红酒广告中的隐喻和意象，突出了隐喻的叙事性。[13] 又如，潘艳艳的"政治漫画中的多模态隐喻及身份构建"以多模态视角来分析政治漫画中的隐喻。他们的分析不仅说明了隐喻存在于非语言载体中，而且证明了隐喻理解的重要性。[14] 还有，在 2008 年出版的《隐喻与手势》一书中，Müller 发现了隐喻的两个本质特征：可分离性（modality independent）和动态性，[15] 而这两个特征只有在非语言模态的隐喻中才能鲜明地表现出来。

　　隐喻与思维的关系也在多模态隐喻研究中得到了深化，因为语言与思维并非完全相同，思维有语言的形式，也有非语言的形式，[16] 隐喻性认知方式是人类语言思维与非语言思维的共同方式。Geneviève Calbris 通过左右手隐喻性手势的交替使用来说明抽象思维的过程。[17]John M. Kennedy 的"隐喻与艺术"讨论了隐喻在艺术品中的体现方式，他认为图片中的隐喻反映了人类隐喻性思维的本质。[18] 张辉、展伟伟的"广告语篇中多模态转喻与隐喻的动态构建"也以多模态视角来分析广告语类中的动态建构过程。[19]

3　隐喻研究视角的集成

　　随着隐喻研究对象的扩展和隐喻理论的不断深化和完善，仅仅局限于语言学的隐喻研究已经远远不能满足对隐喻的根本性探索，因为从本质上讲隐喻是一种思维方式，隐喻研究的目的在于揭示人类的思维规律，而要揭示这种规律，单靠语言学的学科知识不仅显得势单力薄，而且是非常片面和局限的，我们只有在相关学科的共同努力下，集成各学科研究的优势，才能揭示隐喻现象背后的思维本质，所以隐喻研究必然走向多学科发展的道路。

　　隐喻的思维特性引起了语言学与脑科学界交叉研究的兴趣，人们开始思考：要使隐喻思维顺利进行，必然受到人脑神经机制的有效控制，那么，是哪块脑区和神经分布支配隐喻的加工过程呢？研究者们试图通过两类被试完成的实验来回答此问题：正常被试和脑损伤被试。其一，利用实验获得的正常被试的大脑隐喻加工数据来探讨左右脑的不同工作分工问题。相当数量的隐喻加工神经科学研究集中于右脑偏侧化问题，如 Mashal 等运用脑成像（fMRI）研究新奇隐喻加工过程中的神经机制问题，他们的实验不仅支持了层级突显假说（Graded Salience Hypothesis，GSH），而且发现了右脑在新奇隐喻加工过程中所具有的独特作用，并且右中央后回脑区具有选择性的话语创造性功能。[20] 而 Natalie 和 Chiarello 从脑科学的实验研究对上述观点提出质疑，他们认为左右脑均参与隐喻理解加工，但具有不同的加工机制，左脑能够利用句子限制来选择和整合与语境相关的本义及隐喻义，而右脑对句子的语境不太敏感，只能保持可选择解释的激活状态。[21] 王小潞在探讨汉语隐喻认知神经机制时做了事件相关电位实验后发现，在加工汉语隐喻句时大脑两个半球所起的作用是不对称的，右侧脑区与左侧脑区加工有显著性差异，右侧脑区对本义句加工和隐喻句加工具有显著性意义，右脑参与隐喻句加工大于本义句加工。[22] 其二，科学家采集脑损伤被试的实验数据来分析造成隐喻理解障碍的脑区分布及影响隐喻加工和理解的各种因素。Gold 等研究幼儿孤独症患者隐喻理解障碍时发现：除了语用缺失外，语义整合的缺陷也会造成隐喻理解的困难。[23]Monetta 和 Pell 在对帕金森病患者的实验中发现了涉及隐喻理解等复杂认知过程的脑区分布。[24]Amanzio 等通过实验发现：对于老年痴呆症患者，造成新奇隐喻理解障碍的脑区分布主要在前额叶皮层，实验同时支持突显意义与非突显意义区分的有效性。[25]

隐喻的思维特性同样使心理学界试图对隐喻的心理机制做出充分的解释：既然隐喻是人类思维的重要方式，那么隐喻意义是怎样被识别、理解和生成的呢？在语言分析基础上提出的隐喻理解与生成模型能否得到心理学的证实呢？语言学和心理学的交叉研究破解了隐喻的工作机制，完善了隐喻模型说，体现了隐喻的心理加工过程的丰富认知价值。研究者从切实探索隐喻的心理学解释为核心的研究，拓展到隐喻的多元研究。在隐喻魅力的感召下，学科间形成了交融发展的研究态势，根据Web of Science 统计，隐喻的心理学研究成果数已达到 320 篇，处于隐喻交叉研究的领先地位。

心理学界提出了三大隐喻理解机制模型：比较模型 [26,27]、范畴模型 [28,29] 以及结构映射模型 [30,31]。2005 年，Bowdle 等对结构映射模型进行了修正和补充，提出了隐喻生涯模型（The Career of Metaphor）[32]，并试图将比较模型和范畴模型进行整合，使其具有更强的解释力。Seitz 提出四种基本的隐喻类型并且建立了与标准隐喻理论（Standard Metaphor Theory，SmT）不同的"基础隐喻理论"（Basic Metaphor Theory，BMT）以解释人们思维过程中如何识别隐喻和建立隐喻性联系。[33]Schnitzer 与 Pedreira 在神经心理学的联结主义（connectionist）的基础上提出隐喻的神经网络假说。[34]国内心理学界也有学者对隐喻理解机制进行相关研究，比较突出的成果有吴念阳的《隐喻的心理学研究》。该书不但介绍了隐喻、语言与认知的关系、隐喻的映射机制、隐喻的表征机制、隐喻的理解机制、儿童隐喻认知和隐喻语言等诸方面的最新研究成果，而且还对空间隐喻的认知加工机制、儿童书面语中空间隐喻的发展做了大量的实证研究。[35] 还有周榕的博士论文《时间隐喻表征研究》,该研究从认知心理学角度,把时间隐喻表征看作信息加工过程,"首次对时间隐喻表征进行全面系统的专门研究,即对时间隐喻表征的结构、类型、性质、功能等进行多方位的考查,并在此基础上,进一步从跨文化和发展的角度,探索时间隐喻表征的跨文化共性和个性以及儿童时间隐喻表征的发展趋势"[36]。

交叉研究使学科交融发展,互为相长。隐喻研究同样推动了心理学的相关研究:许多学者致力于隐喻与心理动机、心理健康之间的相互关系和作用的研究,如 Gentner 和 Grudin [37]、Weiner[38]、Landsman[39] 和 Leong[40] 等;或致力于隐喻性推理问题的研究,如 Indurkhya 从认知交际观出发将隐喻性推理引入合理性研究,在重点分析隐喻性单调推理和隐喻性非单调推理后提出,合理性的解释必须明确地承认表征的本体性、包含本体变化(ontology-changing)的心理机制 [41]。

4 隐喻研究方法的技术手段集成

隐喻研究对象和研究视角的集成要求多种研究方法的集成和技术手段的更新。层出不穷先进的技术手段给科学研究带来便利,带来生机,带来活力。不同学科的多种技术方法共同用于隐喻认知研究,使得交叉研究大放异彩,成果辉煌。近 10 年来,学界已经开始利用事件相关电位(ERP)和功能核磁共振(fMRI)和语料库(corpus)等不同的技术手段来研究隐喻的认知过程。如图 2 所示,据 Elsevier 数据库统计,在 2000 年以前很少有人利用 ERP、fMRI 等手段进行隐喻认知研究,而近 5 年来,此类研究成果数量在明显增加,如利用 fMRI 的成果在 2006 到 2008 年间达到了 10 篇,利用语料库的隐喻研究在近 3 年中已有 8 篇。

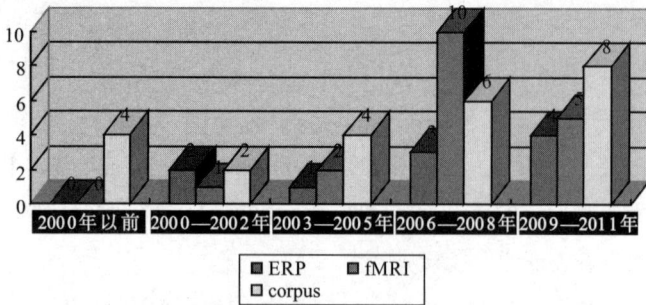

图2　各阶段分别使用三种实验方法的成果数统计

ERP 是一项无损伤性脑认知成像技术，具体而言，ERP 是一种事件相关电位，当外加一种特定认知任务的刺激作用于感觉系统或脑的某一部位，在给予刺激或撤销刺激时，在不同脑区引起的电位变化。与普通诱发电位相比，ERP 的主要特点包括：ERP 是一种特殊的诱发电位，属于近场电位（near-field potentials），即记录电极位置距活动的神经结构较近；一般要求被试实验过程中在一定程度上参与实验；刺激的性质、内容和编排多样，目的是启动被试认知过程的参与。[42] ERP 的主要优点为：具有毫秒级的时间分辨率、需要的设备较为简单、环境适应性强等。ERP 技术在隐喻研究中的运用使我们能够从时程上比较精确地看到隐喻大脑加工的电位变化，如 Yossi Arzouana 等通过实验对比分析本义词、常规隐喻、新奇隐喻和无关词对加工的脑电活动图，实验结果支持新奇隐喻加工的序列性观点（the sequential view）。[43] Vicky Tzuyin Lai 等通过 ERP 实验比较常规隐喻和新奇隐喻的理解过程，实验结果支持隐喻的生涯理论。[44] 由于 ERP 具有极高的时间分辨率，所以可以精确分析隐喻理解的过程，但是，ERP 的空间分辨率较低，因此，对于隐喻加工的精确脑区定位还需要其他技术支持。

功能性磁共振成像（fMRI）就具有极高的空间分辨率，被广泛地应用于脑内功能区的定位研究，它是一种新兴的神经影像学方式，其原理是氧化血红蛋白和去氧血红蛋白在磁性质上的差别以及伴随脑神经活动的脑血流变化（BOLD）。fMRI 可以用来展现各种感觉、运动和认知活动过程中的激活脑区。在隐喻研究中，fMRI 主要应用于隐喻加工和理解的脑区定位以及隐喻任务与脑区工作机制关系。例如，Faust 等研究发现隐喻理解的准确脑区定位；[45]Yang 等研究发现主要是任务类型（task type）和加工难度并非语言的隐喻性决定左右脑对隐喻加工和理解的参与程度。[46]

语料库的研究方法使研究者能够从真实语料中对隐喻进行全面、细致、系统地研究。研究者借助语料库的大型数据分析对隐喻进行隐喻理论的实证研究和跨语种比较研究。隐喻语料库研究的代表著作有《隐喻与语料库语言学》[47]《批评隐喻分析的语料库研究》[48] 等。Graf 通过分析 COLT（the Bergen Corpus of London Teenage English）语料库中三个年龄段青少年使用时空隐喻的数据后发现，对时空隐喻的解释不仅要依据概念隐喻理论，更要综合社会交际和词汇共现性因素。[49] 语料库的研究方法还被用于多语种隐喻或转喻的比较研究，例如，Charteris-Black 和 Ennis 通过语料库的对比分析来考查英语和西班牙语中语言隐喻和概念隐喻的使用情况；[50]Deignan 利用语料库比较英语和意大利语中的隐喻和转喻。[51]

5　结语

概而言之，隐喻研究的集成化已经将隐喻研究推向更广阔的空间：它从单一的语言研究走向了多模态研究的集成；从单一的语言研究范式走向了多学科交叉研究；从思辨型定性研究走向定性和定量结合的集成研究，特别是多种技术手段的应用将隐喻研究不断推向纵深，并且体现出隐喻在其他学科领域中的应用价值。

隐喻研究的集成趋势极大地推动了隐喻的总体发展。其一是验证和补充了隐喻认知理论。隐喻研究的多模态化从非语言模态进一步验证了在语言研究中已证实的概念隐喻理论，增强了该理论的解释力和说服力；隐喻的实证分析对隐喻的概念本质等基本理论问题进行了深入探讨，特别是语料库方法的应用使跨语种、跨语类隐喻研究成为可能。其二是扩展和深化了隐喻的机器识别、特征概括、理解过程、认知价值等具体问题的研究。多模态隐喻研究扩展了机器识别隐喻的研究视野，突显了隐喻的区别性特征；脑科学、心理学等交叉学科通过巧妙的实验设计再现或细化了隐喻加工和理解的步骤，使研究者可以根据实验数据验证或改进现有的隐喻认知理论，对隐喻生成和理解过程做出更为合理的解释；计算机和人工智能的研究实现了隐喻识别和推理的计算，使隐喻的认知价值现实化。其三是研究成果具有实际应用价值。脑科学研究者利用脑成像技术发现的隐喻加工和理解机制的准确脑区定位，对脑损伤患者的治愈具有直接的指导意义；隐喻的计算研究成果可直接应用于基于隐喻理论的计算机产品的研制与开发。

　　隐喻研究的集成化、特别是交叉学科研究和实验研究目前仍处于探索阶段，因此面临诸多挑战。首先，多模态隐喻描写和解释具有主观性。非语言模态的隐喻大多通过视觉模态输入，如图片、手势等，并且此类隐喻多为新奇隐喻，对于它们的准确描述和解释要结合特定文化、语境等复杂因素，而且一般要通过语言载体来实现，所以在研究过程中会带有一定的主观性。[52] 其次，多模态隐喻研究急需系统理论指导。多模态隐喻研究处于起步阶段，还需建立一整套适于描写和解释多模态隐喻的理论体系。再次，隐喻的理解和生成研究的平衡问题。目前，隐喻的定量研究大多为隐喻理解的研究，对于隐喻生成的实证实验研究为数不多，今后这方面的研究有待加强。最后，隐喻研究成果的社会应用价值还需进一步开发和利用。隐喻在人机互动和计算机辅助学习程序设计中仍有广阔的应用空间；在隐喻识别方面，研究者们利用统计机器学习的方法，针对汉语隐喻，已经设计出较为成熟的分类体系和识别方法，但是在隐喻理解中的知识库构建主要以语义网络为主要形式，没有涉及关于隐喻具身认知机制的讨论。

　　总之，隐喻从单模态到多模态、从单学科到多学科交叉研究的集成趋势，使我们能够从多个视角和多种渠道来研究隐喻，特别是先进的技术手段，更为我们创造了以实证的方法、实验的手段来研究隐喻的可能性。虽然在隐喻的多模态研究、隐喻生成的实验研究等方面还存在诸多困难，但我们相信，越来越多的学者会加入到这一研究行列，使我们对隐喻的描写和解释更具科学性和完备性。

参考文献

[1][2][5]　唐孝威 . 2011. 一般集成论——向脑学习 [M]. 杭州：浙江大学出版社 .

[3]　Richards, I. A., Litt, D., M.A. 1936. *The Philosophy of Rhetoric*[M]. New York, London: Oxford University Press.

[4]　束定芳 . 2000. 隐喻学研究 [M]. 上海：上海外语教育出版社 .

[6]　Gibbs, W. R., Jr., Colston, L. H. 1995. The cognitive psychological reality of image schemas and their transformations[J]. *Cognitive Linguistics*. 6: 347–378.

[7][12]　Forceville, J. C., Urios-Aparisi, E. (eds.). 2009. *Multimodel Metaphor*[M]. Berlin, New York: Mouton de Gruyter.

[8]　Yu, N. 2009. Nonverbal and multimodal manifestation of metaphors and metonymies: A case study. // Forceville, J. C., Urios-Aparisi, E. (eds.). *Multimodel Metaphor*[M]. Berlin, New York, Mouton de Gruyter.

[9]　Velasco-Sacristan, M. 2010. Metonymic grounding of ideological metaphors: Evidence from advertising gender metaphors[J]. *Journal of Pragmatics*.

[10]　Ortiz, J. M. 2011. Primary metaphors and monomodal visual metaphors[J]. *Journal of Pragmatics*, 43: 1568–1580.

[11]　Musolff, A. 2006. Metaphor scenarios in public discourse[J]. *Metaphor and Symbol*, 21: 23–38.

[13]　Caballero, R. 2009. Cutting across the senses: Imagery in winespeak and

audiovisual promotion// Forceville, J. C., Urios-Aparisi, E. (eds.). *Multimodel Metaphor. Berlin*[M], New York: Mouton de Gruyter.

[14] 潘艳艳 . 2011. 政治漫画中的达到多模态隐喻及身份构建 [J]. 外语研究 , 1: 11–15.

[15] Müller, C. 2008. What gestures reveal about the nature of metaphor. [C] // Cienki, A., Müller, C. *Metaphor and gesture*[M]. Amsterdam: John Benjamins Publishing Company.

[16] 王小潞 , 李恒威 , 唐孝威 . 2006. 语言思维与非语言思维 [J]. 浙江大学学报 (人文社会科学版), 1: 29–36.

[17] Calbris, G. 2008. From left to right... : Coverbal gestures and their symbolic use of space 27. // Cienki, A., Müller, C. *Metaphor and gesture*[M]. Amsterdam: John Benjamins Publishing Company.

[18] 徐知媛 , 王小潞 . 2010. 隐喻研究的多维视角——《隐喻与思维 (剑桥手册)》述评 [J]. 外国语 , 5: 87–90.

[19] 张辉 , 展伟伟 . 2011. 广告语篇中多模态转喻与隐喻的动态构建 [J]. 外语研究 , 1: 16–23.

[20] Mashal, N., Faust, M., Hendler, T., Jung-Beeman, M. 2007. An fMRI investigation of the neural correlates underlying the processing of novel metaphoric expressions[J]. *Brain and Language*, 110 (2): 115–126.

[21] Natalie, A. K., Chiarello, C. 2007. Understanding metaphors: Is the right hemisphere uniquely involved?[J]. *Brain and Language*, 100: 188–207.

[22] 王小潞 . 2009. 汉语隐喻认知与 ERP 神经成像 [M]. 北京：高等教育出版社 .

[23] Gold, R., Faust, M., Goldstein, A. 2010. Semantic integration during metaphor comprehension in Asperger syndrome[J]. *Brain and Language*, 113(3): 124–134.

[24] Monetta, L., Pell, D. M. 2007. Effects of verbal working memory deficits on metaphor comprehension in patients with Parkinson's disease[J]. *Brain and Language*, 101: 80–89.

[25] Amanzio, M., Geminiani, G., Leotta, D., Cappa, S. 2008. Metaphor comprehension in Alzheimer's disease: Novelty matters[J]. *Brain and Language*, 107: 1–10.

[26] Tversky, A. 1977. Features of Similarity[J]. *Psychological Review*, 85: 327–352.

[27] Ortony, A. 1979. Beyond Literal Similarity[J]. *Psychological Review*, 86:161–180.

[28] Glucksberg, S., Keysar, B. 1990. Understanding Metaphorical Comparisons: Beyond similarity[J]. *Psychological Review*, 97: 3–18.

[29] Glucksberg, S., McGlone, M. S., Manfredi., D. 1997. Property Attribution in Metaphor Comprehension[J]. *Journal of Memory and Language*, 36: 50–67.

[30] Gentner, D. 1983. Structure-mapping: A Theoretical Framework for Analogy[J]. *Cognitive Science*, 7: 155–170.

[31] Gentner, D., Wolff, P. 1997. Alignment in the Processing of Metaphor[J]. *Journal of Memory and Language*, 37: 331–355.

[32] Bowdle, B. F., Gentner, D. 2005. The Career of Metaphor[J]. *Psychological Review*, 112: 193–216.

[33] Seitz, A. J. 2005. The neural, evolutionary, developmental, and bodily basis of metaphor[J]. *New Ideas in Psychology*, 23(2): 74–95.

[34] Schnitzer, L. M., Pedreira, A. M. 2005. A neuropsychological theory of metaphor[J]. *Language Sciences*, 27(1): 31–49.

[35] 吴念阳. 2009. 隐喻的心理学研究 [M]. 上海：上海百家出版社.

[36] 周榕. 2000. 时间隐喻表征研究 [D]. 重庆：西南师范大学博士学位论文.

[37] Gentner, D., Grudin, J. 1985. The Evolution of Mental Metaphors in Psychology: A 90-Year Retrospective[J]. *American Psychologist*, 40 (2): 181–192.

[38] Weiner, B. 1991. Metaphors in Motivation and Attribution[J]. *American Psychologist*, 46 (9): 921–930.

[39] Landsman, S. M. 1994. Needed: Metaphors for the Prevention Model of Mental Health[J]. *American Psychologist*, 49 (12): 1086–1087.

[40] Leong, T.L.F. 2007. Cultural Accommodation as Method and Metaphor[J]. *American Psychologist*, 62 (8): 916–927.

[41] Indurkhya, B. 2007. Rationality and reasoning with metaphors[J]. *New Ideas in Psychology*, 25(1): 16–36.

[42] 赵仑. 2004. ERP 实验教程 [M]. 天津: 天津社会科学院出版社.

[43] Arzouana, Y., Goldsteina, A., Fausta, M. 2007. Brainwaves are stethoscopes: ERP correlates of novel metaphor comprehension[J]. *Brain Research*, 1160: 69−81.

[44] Lai, T.V., Curran, T., Menn, L. 2009. Comprehending conventional and novel metaphors: An ERP study[J]. *Brain Research*, 1284 (11): 145−155.

[45] Faust, N. M., Hendler, T. 2005. The role of the right hemisphere in processing nonsalient metaphorical meanings: Application of principal component analysis to fMRI data[J]. *Neuropsychologia*, 43 (14): 2084−2100.

[46] Yang, G. F., Edens, J., Simpson, C., Krawczyk, C. D. 2009. Differences in task demands influence the hemispheric lateralization and neural correlates of metaphor[J]. *Brain and Language*, 111: 114−124.

[47] Deignan, A. 2005. *Metaphor and Corpus Linguistics*[M]. Amsterdam/Philadelphia: John Benjamins Publishing Company.

[48] Charteris-Black, J. 2004. *Corpus Approaches to Critical Metaphor Analysis*[M]. Palgrave-MacMillan.

[49] Graf, E. 2011. Adolescents'use of spatial TIME metaphors: A matter of cognition or sociocommunicative practice?[J]. *Journal of Pragmatics*, 43: 723−734.

[50] Charteris-Black, J., Ennis, T. 2001. A comparative study of metaphor in Spanish and English financial reporting[J]. *English for Specific Purposes*, 20: 249−266.

[51] Deignan, A. 2004. Liz Potter A corpus study of metaphors and metonyms in English and Italian[J]. *Journal of Pragmatics*, 36(I7): 1231−1252.

[52] Forceville, C. 2009. Non-verbal and multimodal metaphor in a cognitivist framework: Agendas for research. // Forceville, J. C., Urios-Aparisi, E. (eds.). *Multimodel Metaphor*[M]. Berlin,New York: Mouton de Gruyter.

（原载《社会科学家》2012 年第 5 期，第 147—152 页，选入

本论文集时略有改动）

学术写作中元话语的互动功能

李天贤　庞继贤 *

　　语篇分析是一门发展迅速的学科，是当今人文社会科学中最重要的概念。语篇是语言与社会、政治和文化之间所形成的一种互动关系，它不仅是人类的各种活动和活动场所的载体，而且还是协商和构建社会各种关系的载体。[1, 2]无论是在书面语还是在口语中，我们都能找到一些指示语篇与其作者、读者之间的关系的语言表达式，我们称之为"元话语"（metadiscourse）。换句话说，元话语就是语篇中的信号标记，是作者"明确组织语篇、对语篇的内容或读者表明态度"的资源。[3]学术写作是一种特殊的语篇构建活动，是作者、读者和社会三者之间的互动活动，学术写作能否达到目的关键要看作者是否能够充分利用元话语资源、控制学术语篇中的思想内容。研究学术论文写作中的元话语资源就是探索其中的人际互动关系，揭示话语社团的修辞和社会特征，实现作者的交际意图。因此，学术写作过程中，能够充分利用元话语资源无疑能够提高写作水平，实现学术交流的目的。在本文中，我们首先探讨元话语的理论构成，然后探讨学术写作中元话语与修辞、语类、文化和学术社团的关系，并指出学术写作中培养元话语意识的重要性。

---

* 李天贤，宁波大学学科技术学院副教授、硕士生导师；庞继贤，浙江大学外国语言文化与国际交流学院教授、博士生导师。

1 元话语的概念

"元话语"是一个典型的概括词，包括语篇中各种不同的连接关系和人际关系特征，这些特征可以帮助读者以作者喜欢的方式连接、组织和解释特定话语社团的价值。"元话语"概念最早由 Zellig Harris 1959 年首次使用，指作者为读者或讲话人为听众指明解读语篇的方向。后来的一些学者把模糊词、连接词以及语篇评论包括在元话语范围内。各种口语和书面语都包含了语篇生产者、语篇接受者和语篇展开方式的元话语；元话语成了语篇和语境的重要连接，体现了语篇的人际交往功能和对话性。没有元话语，作者就不能进行有效的交流，读者也不能通过语境来理解语篇。

不同的学者对元话语的理解各不相同。一些学者（如，Bunton，1999[4]）用"元文本"（metatext）或"文本自反性"（text reflexivity）指语篇的修辞结构（如，we now turn to another topic；this will be discussed in the next chapter），而另外一些学者（如，Beauvais，1989[5]）却缩小了元话语的所指范围，仅指明显的言外述谓词（illocutionary predicates）（如，I believe that；we demonstrate that）或独立的意义层次（level of meaning）和一系列命题（如，Vande Kopple，1985[6]）。还有学者（如，Schiffrin，1980[7]）把元话语看成是作者在语篇中"组织话语和表达所说话语的含义"而使用的语言和修辞策略。另外，目前国内对 metadiscourse 的翻译还不统一，造成了许多认识上的问题。[8]但是，一般认为元话语反映了人际互动关系，是语篇中"协商互动意义，帮助作者表达观点和吸引读者成为特定社团成员的各种自反性表达方式"[3]。

一般情况下，元话语被分为语篇和人际两大范畴。前者主要通过话题转移、序列信号词、相互参考、思想连接、材料概括等来组织话语。后者用模糊限制语、增强语、自指或用评价资源（appraisal）[9]表明作者的态度并引领读者理解语篇。从系统功能语言学的角度看，元话语具有多重功能（multifunctionality），是一种语用和修辞现象。作者在语篇中增加元话语，不仅能够把一篇艰深而枯燥乏味的文章转变为读者友好的、连贯的语篇，而且还能够把语篇与特定的语境联系起来，传递作者的个性、读者的敏感性等信息。[10]

2 元话语的理论框架

2.1 元话语的原则

近年来，围绕"元话语"这个概念虽然产生了大量的研究成果，但是其解释潜力还未能充分挖掘[3, 11, 12]。当前元话语研究还缺乏理论和实证方面的深入探索，对其描写和解释还处于萌芽阶段。元话语理论研究存在的主要问题有元话语术语模糊性、元话语的"意义层次"、与功能语言学联系不足等问题。基于这些认识，我们认为 Hyland 提出的构建元话语理论的三大原则是有道理的。

首先，Hyland 认为元话语与话语的命题不同。在对元话语进行定义时，常常要对元话语与命题内容做出区分，而且认为命题内容优先。Vande Kopple（1985）把元话语定义为不增加命题信息但指示作者存在的语言学材料，[61]而 Williams 认为元话语"不指所谈论的主题"。[13]还有人认为元话语是口语或书面语中的材料，[14]这些材料"并不增加命题内容，但能帮助读者或听众组织、解释和评估给定的信息"。"命题"是思想、事件等"世上的事"，而元话语是"话语中的事"。[3]

其次，元话语体现了语篇中作者与读者的互动关系。Vande Kopple 把元话语分为语篇元话语和人际元话语两大范畴是对韩礼德[15]三位一体的元功能思想的错误认识，因为在语篇实践中，不能完全把语篇元话语与人际或概念元话语截然分开。元话语的语篇功能、人际功能和命题功能（概念功能）是不可分离的整体。例如，表示让步关系的连接词不仅表达了作者希望但不能预期的一些东西，还能"监视"读者对话语的反应。[1]

第三，Hyland 还区分了话语的内部所指和外部所指的关系，指出元话语是话语的内在关系。连接词不仅可以连接说明语篇内部的连接步骤，组织论证话语（内部所指），还可以连接语篇外的物质世界（外部所指），"体验"一系列事件。[16] 例如，连接词"in contrast"就有内、外所指关系的区分。它既可以表示比较的概念功能，也可以用作分离性连接词，提醒读者要离开前文所建立的期待。表示顺序关系的连接词如 firstly，secondly，thirdly 等也可以用来组织论点并告知读者论点之间的内部关系，也可以用来揭示特殊过程中事件发生的步骤，与外部物质世界关联。另外，时间连接词也可以从"内部"所指和"外部"所指两方面来解释。[15] 其"内部"所指时间是话语本身展开的人际时间；"外部"所指时间是事物过程本身的经验时间。

2.2 Hyland 的元话语理论模式

根据上述三个基本原则，Hyland 构建了一个元话语理论模式，认为元话语可以分为引导式（interactive）和互动式（interactional）两种资源。[11][3] 引导式资源指作者利用语言学资源引导读者读完语篇，可以进一步分为过渡语（transitions）、框架标记语（frame markers）、文内标记语（endophoric markers）、证据语（evidentials）以及语码注释（code glosses）等类型。过渡语（如，in addition，but，and，thus 等）用来表示话语中增加、转折、序列等语义关系。框架标记语指语篇边界或表不语篇图式结构的成分，如 finally，to conclude，my purpose here is to 等表示语篇序列和进程、表示语篇的目的和话题转换等词语。文内标记语指语篇中作者为帮助读者了解其写作意图，明示要参照语篇内其他部分的语言学资源，如 noted above/see Fig/in section 2。证据语是读者参照当前语篇外的信息资源，如 according to X /（Y，1990）/Z states 等。语码注释是用其他的方法重新陈述概念信息，如 namely，in other words，e.g.，such as 等词语。

"互动式资源"指语篇中作者吸引读者的方式，也就是提醒读者注意作者对待命题信息的观点和读者的态度。从本质上讲，这里的元话语是评估性和介入性的，这种元话语影响作者与读者之间的亲疏关系，影响作者的态度、作者的认知判断、作者所承担的义务，以及影响读者的参与程度。这类元话语可以分为模糊限制语（hedge）、强势语（boosters）、态度标记语（attitude markers）、介入标记语（engagement markers）和提及作者自己（self-mentions）等范畴。模糊限制语（如，might，perhaps，possible，about）指作者采用间接方式表达命题信息，而强势语（如，in fact，definitely，it is dear that）则隐含肯定和强调命题。态度标记词（如，unfortunately，I agree，surprisingly）表达了作者评估命题，传递惊奇、责任、赞同、重要性等信息。介入标记词（如，consider，note that，you can see that）明确指向读者，通过一些词语吸引读者的注意力，或者通过使用第二人称代词、祈使句、问句、插入语等方法与读者互动。提及作者自己的词语（如，I，we，my，our）指作者以第一人称形式在语篇中出现的频率。

3 学术写作中元话语的功能

我们认为，Hyland（2005）的元话语理论模式对学术写作具有重要的指导作用。学术写作中最关键的因素是要面向读者，因为读者有权重新诠释命题信息或拒绝作者的观点。在学术写作过程中作者需要预测读者可能否定其论点的情形，并对此做出回应。作者在写作中利用元话语就是对这种预测做出的选择。学术写作中，作者可以利用元话语资源来获取支持、表达共同执掌学术权威、解决困难和避免争论等。作者选择引导式资源是要向读者说明其论点与传统的语篇模式一致，其方向是可以预测的。读者通过理解这些资源，能够以恰当的、令人信服的方式处理语篇。选择互动式资源直接聚焦在互动活动的参与者身上。作者采用学术上可接受的角色和符合学科社团标准的语旨，包括维持学科中的尝试性结论和断言之间的平衡关系，建立作者与他所持的论点、所使用的数据之间，作者与读者之间的适当关系。由此可见，元话语在学术写作中的作用是非常明确的，它与学术写作中所体现的修辞、语类、文化和学术社团的关系非常密切，下面我们从这四个方面讨论元话语在学术写作中的功能。

3.1 元话语与修辞

修辞（rhetoric）一词在其漫长的历史进程中曾有不同的含义，曾经一度成为显学。[17] 陈望道先生把修辞区分为广义和狭义两种。狭义上的修辞就是"修饰文辞"，而广义上的修辞是"调整或适用语辞"。[18] 在西方文化传统中，古希腊哲学家亚里士多德的《修辞学》不愧为修辞学史上的经典著作。在该书中，亚里士多德把修辞定义为用各种方法来建立劝说证据的艺术。他认为，只有事情为真的情况下人们才会被说服，因此修辞包括展示事情为真或者可能为真的方法。劝说过程中要随着交流的三个主要因素即讲话人、听话人和争论的内容的不同而加以调整。他进一步指出，要进行论辩，讲话人必须关注辩论的方法、语言和过程。本质上讲，修辞就是劝说的艺术。因此，修辞是语篇分析和书面交流的重要概念。在语篇中，作者或讲话人利用修辞投射自己的观点、兴趣和评价，衡量读者的反映、达到劝说的目的。

亚里士多德所说的讲话人必须关注辩论的方法、语言和过程与学术写作中强调的提出论点、遣词造句和注意话语的语类结构是一致的。亚里士多德提出了演说者使人信服的三种素质，即逻各斯（logos）、善意（pathos）和德性（ethos）。逻各斯涉及讲话本身、讲话的编排、讲话的长度、讲话的复杂性以及论点和论据等类型。善意涉及听众的情感特点，考虑他们的教育水平、种族、性别、年龄、兴趣、知识背景、社团成员等。德性关注讲话人的品质和可信度。[19] 阅读语篇前要了解作者的信度，因此与作者的名声、专业知识、著名程度等有关，在语篇的解码过程中还必须不断重新定位这些品质。善意是语篇自身所体现的作者与读者互动的结果，这种结果是动态的和可解释的。

亚里士多德所说的演说者应该具备的三种素质与元话语关系最为密切，元话语就是要展现修辞的这种劝说功能。因此，在学术和商业话语中，元话语的修辞策略至关重要。例如，就达尔文的《物种起源》而言，达尔文在该文中使用了模糊限制语（如，I think it highly probable）、强势语（如，it seems pretty clear, we must believe）、态度标记词（如，curiously, strange）和评述语（如，I must here introduce a short digression）等元话语来实现学术话语的劝说功能、展示作者的德性。

与此类似，在商务信函中，一些公司常利用元话语来创建该公司或其产品或其员工的正面形象，以改变那些对公司的生产和利益影响比较大的人员的行为。例如，为了实现公司的目标，一家公司可以在其直销信函、电子邮件和广告宣传中添加元话语资源，与公司的潜在顾客建立起合作关系和可信任关系。再如，公司年度报告可以说是比较细致的劝说文，其中首席执行官的书信和董事会报告影响面广、读者对象多，写作过程中使用的修辞手段丰富，因此体现元话语资源也是最明显的。统计分析指出，董事会报告中的元话语资源是首席执行官书信中元话语资源的一半，而首席执行官信函中每1000词使用的互动元话语资源是董事会报告的7倍。[3] 这说明作者花费大量的精力联盟读者，使他们介入公司的销售理念中。首席执行官书信中使用的元话语资源主要有过渡语和模糊限制语。由此可见，高效使用元话语修辞手段，容易在学术或商业上取得成功。

3.2　元话语与语类

语类就是对语篇进行分类，代表作者如何典型地使用语言回应反复发生的情景。语类的概念源于这样的思想，即同一社团的成员常有识别相似语篇毫无困难的经历，利用这些经历他们能够比较从容地从事阅读理解、甚至学术写作。学术写作是一种基于期待的学术实践活动。在写作过程中，作者如果能预测读者的期望，那么就会增加读者解读作者意图的可能性。读者所做的预测是基于以前阅读同类语篇的经历。这就是读者获取在熟悉语境中做事的有效方法，通过使用这种反复使用的习惯形式，通过发展这种人际关系、建立话语社团并表达作者的思想和情感。因此，语言既镶嵌在社会现实中，又帮助创造社会现实。语类理论把参与者的关系置于语言使用的中心，认为每一成功的语篇都会展示作者在语境中的意识而读者就是该语境的一部分。写作就是预设和回应读者，连接其他语篇，具有"对话性"；同时写作包括利用我们熟悉的语篇，也就是利用其他语篇或其他语篇中的惯例，因而具有"互文性"（inter-textuality）。[20] 随着语类理论研究的发展，语类理论也探索不同语境对语言模式的限制。语类并不是一成不变的，使用元话语就是其中的一种变化方式。

语类理论的基础是根据语类的异同来划分语篇。为了使这种划分比较系统，研究人员关注特殊语类的语言学和修辞学特征。有人把注意的焦点放在典型的修辞结构上，用步（move）或者阶段（stage）来描述语类。[21, 22] 有人则采用隐喻的方式来刻画语类，把语类看成是框架（frame）、是语言标准、是生物物种、是家庭、是机构（institutions）、是语言行为。[23] 但更多的时候是用特殊的修辞特征群（cluster）来区分语类。元话语就是如此关键的特征。这是因为选择不同元话语反映了不同的写作目的，反映了有关读者的各种假设和各种互动关系。这方面的研究主要集中在学术写作的人际功能方面。在学术写作中，要达到学术交流的目的，我们不仅要呈现思想观点来说服读者，而且还要建立与读者的人际关系。学术写作就是要选择传统上读者认为具有说服力的语言资源，所采用的劝说方法随语类的不同而有所不同。比如，有人比较了学术语篇与社论的异同。[24] 尽管这两种语类都是要通过论证达到劝说的目的，但是它们使用元话语的方式却不同。通过比较发现，证据性在《世界报》社论中的主要功能是强调该报的严肃性、精英统治论以及独立思想，而学术语篇中的证据性表明了作者的研究与前人在该领域里的贡献有关。

语类不同所采用的元话语资源也有所不同。通过分析研究论文、科普文章、介绍性课本中的元话语特征以及它们所扮演的角色，Hyland 认为元话语是一种"社会行为"。[3] 元话语研究有助于揭开作者如何确定读者所具有的主题知识、话题兴趣、需求和目的，也有助于研究人员表达自己的声音，确立在学科领域中的地位，赢得同行的尊敬。

在信息化和全球化的推动下，语类变化不断加速，新语类不断涌现，对新出现语类中的元话语研究也成了批评话语分析的新课题，元话语在新语类中扮演重要的角色。例如，环境报告就属于一种新的语类，通过分析其介绍部分中元话语的使用情况，发现新出现语类中的元话语的功能与已经确定语类的元话语功能有显著不同。[25] 由此可见，元话语具有语境依赖性，写作中使用不同语类的元话语资源有助于作者实现不同的写作目的。反过来，为实现不同的写作目的，需要采用不同的元话语策略来界定语类和写作语境。

3.3 元话语与文化

随着全球化的深入，不同语言文化背景的人用英语相互交流的机会日渐增多。不同语言的元话语是否一致？操不同母语的人们用英语交流时的元话语是否有所差别？对前一问题的回答是否定的。他们统计分析了中国学者和西方学者用母语从事学术写作时使用证据性的情况。西方学者，特别是英美学者，在论说文写作中较多引用前人的研究成果，明示与前人研究成果的相同之处或联系，但同时也强调了与前人研究成果的不同之处，突显其独创性。中国学者在学术写作中受儒家和谐思想的影响善于引经据典，但缺乏批判性。[26] 对后一问题的研究表明，英语为非母语的作者在其英文写作中较多使用夸张手法，所以其文章中强势语（如，always, really, strong, no way, a lot of, totally 等）出现的频率比本族人的要高。[27] 另外，还可以研究源于不同文化背景的作者所产出的英语语篇中的元话语情况，如对中国语境中的外语课堂元话语教学就非常有意义。[28] 这些研究表明元话语在不同文化的写作中的作用是不同的；母语为非英语的作者在用英语写作时所用的元话语差异也比较明显。

3.4 元话语与学术社团

社团（comnumity）是理解元话语非常重要的概念，因为交流总是在社会语境中进行。社团帮助指定文化，把民族或种族的大混合区域降低为一个个人的规模，社团与语类也是互补的。事实上，社团和语类相互帮助确定各自的领域，共同为有意义的社会构建提供描写和解释框架。我们使用语言不仅可以用于普通交流，而且还可以与自己所处社团的其他个人或集团成员交流，因而产生语篇社团（discourse community）这个概念。Swales 认为这些语篇社团有共同的目标 [29]，而其他研究人员则强调共同兴趣 [30, 31]。无论怎么定义语篇社团，是一个个社团成员在使用语言，实施目标或达到目的。社团是在特定话语空间中把作者、读者和语篇联系起来的"强大隐喻"。[3]

社团是情景语境、背景知识和共同语篇语境（co-textual context）的结合，是产生互动意义的原则方法。情景语境就是讲话人了解周围能看到的东西；背景知识就是讲话人对世界和讲话人之间关系的了解程度，而共同语篇语境就是讲话人了解"已经说过的话"。[32] 语篇社团、学术写作和元话语三者之间的关系非常紧密。学术写作是语篇社团的活动，恰当体察人际和语篇关系是作者使用元话语的前提。因此，考察不同学科使用元话语的异同，对于理解学术文献和学术写作具有重要帮助。在这方面，Hyland 的一系列研究 [10, 15, 33, 34] 非常具有启发性。例如，他从引导资源和互动资源的角度比较了元话语在不同学科（如，生物学、电子工程、物理学、机械工程、市场营销、应用语言学、社会学、哲学）的课本和学术论文中的使用情况，认为从社会活动、认知风格、价值观、意识形态等方面看，语篇社团与元话语的变体有极大的相关性。

4 结语

语篇分析是一种跨学科、多视角和多维度的事业，[35] 本文对元话语的概念、理论框架和功能所进行的探讨，正是对语篇分析的发展趋势的回应。元话语是作者在一个主题下组织语篇、对读者所持的态度时使用的种种语言技巧。元话语关注作者与读者的关系、表达作者与语篇社团的互动，是研究人际介入、分析语言学资源中主体间立场的系统方法。虽然对元话语的概念、范围、分类、功能等方面的争论还很多，但开展针对不同受众、不同话题、不同语篇社团的跨语类、跨文化、跨时间的元话语研究是很有价值的，尤其对学术写作具有参考价值。此外，由于元话语所具有的人际功能性质，它在语言教学中的作用也愈显重要。因此，无论是学习第一语言还是学习第二语言，向学生灌输一点元话语知识至少可以获得三方面的优势：可以帮助学生更好地理解语篇所需的认知水平和信息处理方式，可以在语篇中为作者提供表达自己立场的资源，允许作者与读者协商立场、介入适合语篇社团的对话。因此，写作教学，特别是学术写作教学中向学生灌输元话语意识，对提高写作水平至关重要。

参考文献

[1] Martin, J. R., Rose, D. 2003. *Working with Discourse: Meaning beyond the Clause*[M]. London: Continuum: 52.

[2] 李战子. 2002. 话语的人际意义研究 [M]. 上海：上海外语教育出版社.

[3] Hyland, K. 2005. *Metadiscourse: Exploring Interaction in Writing*[M]. London: Continuum: 14-54.

[4] Bunton, D. 1999. The use of higher level metatext in PhD theses[J]. *English for Specific Purposes*, 18: S41-S56.

[5] Beauvais, P. A. 1989. speech-act theory of metadiscourse[J]. *Written Communication*, 6/1: 11–30.

[6] Vande Kopple, W. 1985. Some explanatory discourse on metadiscourse[J]. *College Composition and Communication*, 36: 82–93.

[7] Schiffrin, D. 1980. Metatalk: organizational and evaluative brackets in discourse[J]. *Sociological Inquiry: Language and Social Interaction*, 50: 199–236.

[8] 成晓光, 姜晖. 2008. Metadiscourse: 亚言语、元话语还是元语篇 [J]. 外语与外语教学, 5: 45–48.

[9] Martin, J. R., White, P. R. R. 2005. *The Language of Evaluation: Appraisal in English*[M]. Palgrave MacMillan.

[10] Hyland, K. 2000. *Disciplinary discourses: Social Interaction in Academic Writing*[M]. London: Longmant.

[11] Hyland, K., Tse, P. 2004. Metadiscourse in academic writing: a reappraisal[J]. *Applied linguistics*, 25(2): 156–77.

[12] 徐赳赳. 2003. 关于元话语的范围和分类 [J]. 当代语言学, 4: 345–353.

[13] Williams, J. 1981. *Style: Ten Lessons in Clarity and Grace*[M]. Boston: Scott Foresman, 226.

[14] Crismore, A. Marickanen, R., Steffensen, M. 1993. Metadiscours-course in persuasive writing: a study of texts written by American and Finnish university students[J]. *Written Communication*, 10(1): 39–71.

[15] Halliday, M. A. K. 1994/2004. *An Introduction to Functional Grammar*[M]. London: Edward Arnold, 325.

[16] Martin, J. R. 1922. *English Text: System and Structure*[M]. Amsterdam: Benjamins.

[17] Ong, W. 1983. Foreword. In W. B. Homer (ed), *The Present State of Scholarship in Historical and Contemporary Rhetoric*[M]. Columbia, MO: University of Missouri Press: 1–9.

[18] 陈望道. 2006. 修辞学发凡, 第四版 [M]. 上海：上海世纪出版集团：1.

[19] 亚里士多德 . 2003. 修辞术·亚历山大修辞学·论诗 [M]. 颜一 , 崔延强 , 译 . 北京：中国人民大学出版社 : 78.

[20] Bakhtin, M. 1986. *Speech Genres and Other Late Essays*[M]. Austin, TX: University of Texas Press.

[21] Bhatia, V. K. 1999. Integrating products, processes and participants in professional writing. In Candlin, C. N. and Hyland, K. (eds), *Writing: Texts, Processes and Practices*[M]. London: Longman: 21−39.

[22] Butt, D., Fahey, H., Feez, S., Spinks, S. and Yallop, C. 2002. Using Functional Grammar: An Explorer's Guide[J]. *Sydney: NCELTR*.

[24] Le, L. 2004. Active participation within written argumentation: metadiscourse and editorialist's authority[J]. *Journal of Pragmatics*, 36: 687−714.

[25] Skulstad, A. S. 2005. Tlie use of metadiscourse in introductory sections of a new genre[J]. *International Journal of Applied Linguistics*, 15(1): 71−86.

[26] Bloch, J., Chi, L. A. 1995. Comparison of the use of citations in Chinese and English academic discourse. In Belcher, D. and Braine, G. (eds). *Academic Writing in a Second language: Essays on Re-search and Pedagogy*[M]. Norwood, NJ: Ablex.

[27] Hinkel, E. 2002. *Second Language Writers' Text*[M]. Mahwah, NJ: Lawrence Eiibaum.

[28] 徐海铭 , 龚世莲 . 2006. 元语篇手段的使用与语篇质量相关度的实证研究 [J]. 现代外语 , 1: 54−61.

[29] Swales, J. M. 1999. *Genres Analysis: English in Academic and Research Setting*[M]. Cambridge: Cambridge University Press.

[30] Johns, A. M. 1997. *Text, Role and Context: Developing Academic Literacies*[M]. Cambridge: Cambridge University Press.

[31] Porter, J. 1986. Intertextuality and the discourse community[J]. *Rhetoric Review*, 5: 34−47.

[32] Cutting, J. 2002. *Pragmatics and Discourse. A Resource Book for Students*[M].

London: Routledge: 3.

[33] Hyland, K. 1998. Persuasion and context: the pragmatics of academic metadiscourse[J], *Journal of Pragmatics*, 30.

[34] Hyland, K. 1999. Talking to students: metadiscourse in introductory textbooks[J]. *English for Specific Purposes*, 18(1): 3–26.

[35] Bhatia, V. Flowerdew, J. and Jones, R. 2008. *Advances in Discourse Studies*[M]. London: Routledge.

第四篇　心智集成论

意识集成论

唐孝威*

《意识论：意识问题的自然科学研究》一书提出意识的一个理论框架。[1] 在此基础上，意识集成论认为，在意识活动中存在多方面的集成现象，包括脑的结构集成、脑的功能集成、脑的信息集成、脑的心理集成等，以及与意识有关的身心集成、心理和环境集成等。要用一般集成论观点从多个方面考察意识的特性，[2] 同时对意识理论框架中的意识规律加以具体化。本文在这方面作一些简单的说明。

1.意识集成论从脑的心理集成方面考察意识的特性。意识结构的规律是：意识具有内部结构，意识是由意识觉醒、意识觉知、意识指向和意识情感四个要素以及它们之间的相互作用组成的整体的心理活动。[1]

意识包括觉醒（状态）和觉知（内容）等成分。以觉醒成分说，个体不同的觉醒程度决定了个体不同的意识状态。以觉知成分说，个体对不同事物的觉知可以有不同的觉知内容，即不同的主观体验；且对特定的觉知内容可以有不同的觉知程度，即主观体验的不同强度。

从实验资料归纳总结出关于意识觉知的心脑关系公式 [3]：个体对特定信息的主观体验强度 C 正比于脑内意识的神经网络的特征参量 a 和大脑皮层加工特定信息的相关脑区的激活水平 A 的乘积。

---

* 唐孝威，浙江大学教授，中国科学院院士，浙江大学语言与认知研究国家创新基地学术委员会主任。

$$C=aA \qquad\qquad (1)$$

（1）式中 C 是第一人称数据，A 是第三人称数据。此式把第一人称数据和第三人称数据联系起来，特征参量 a 具有生理量—心理量转换的量纲。

大脑皮层不同脑区分别加工不同种类的信息。个体对不同觉知内容的主观体验强度 C_i 和大脑皮层加工不同信息的脑区的激活水平 A_i 相对应。

$$C_i=aA_i$$

2. 意识集成论从脑的结构集成及脑的功能集成方面考察意识的特性，意识基础的规律是：意识的四个要素分别以脑的四个功能系统为基础。意识的脑机制是脑的四个功能系统的诸多脑区激活、相互作用以及协调活动的过程[1]。

实验表明，脑内意识的神经网络包括意识觉醒的支持系统（主要是脑干网状结构系统[4]）、意识内容的编码—表征系统（主要是大脑皮层加工信息的相关脑区的系统[5]）、意识活动的控制—调节系统（主要是注意控制系统[6, 7]）和意识活动的全局传播系统（主要是丘脑—大脑皮层网络和大脑皮层顶叶—前额叶网络[8-12]）。它们都是脑的四个功能系统[1]中与意识有关的子系统，这些子系统集成为脑内意识的神经网络，是脑内意识的神经相关物。

脑内意识的神经网络的特征参量 a 等于意识网络的几个特征量（α，β，γ）的乘积：

$$a=\alpha \cdot \beta \cdot \gamma \qquad\qquad (2)$$

其中 α 是意识的神经网络的支持系统的活动度，表示意识觉醒的支持系统对意识的神经网络的支持特征。α 在 0 到 1 间取值。β 是意识活动的全局传播度，表示意识活动全局传播系统的传播特征。β 在 0 到 1 间取值。γ 是注意控制增强系数，表示意识活动的控制—调节系统对大脑皮层脑区激活的增强或抑制的特征（γ 即 [1] 中的系数 K）。γ 取大于或等于零的值。γ < 1 时抑制，γ > 1 时增强。经过控制—调节，脑区激活水平为：A'= γ A。

本文把与意识的神经网络相关的脑内结构和功能的机制简称为意识的 αβγ 机制。

3. 意识集成论从脑的功能集成及脑的信息集成方面考察意识的特性，意识过程的规律是：在相关脑区的支持和调控下，当大脑皮层某个脑区的激活水平达到意识阈值时，其信息加工进入意识。意识涌现过程和意识流过程都是许多脑区激发态之间竞争、选择的过程，意识流过程是脑区激发传播的动力学过程。[1]

意识涌现的必要和充分条件是：控制增强系数 γ 大于 1；大脑皮层加工信息的相关脑区激活经控制系统增强后，激活水平 A' 达到（或超过）意识阈值 Ac；意识的神经网络的支持系统的活动度 α 大于零；意识活动的全局传播度 β 大于零。即：

$$A' \geq Ac, \ \alpha > 0, \beta > 0, \gamma > 1 \qquad （3）$$

当脑区激活没有达到意识涌现条件时，脑内也有信息加工，但它们是无意识的，而意识涌现后脑内信息加工是有意识的。[1]

正常人在清醒时 α > 0，

当 A < Ac, β = 0, γ < 1，脑的活动未达到意识涌现的阈值时，

$$C = 0 \qquad （4-1）$$

这是无意识活动的情况。

如 A' ≥ Ac, β > 0, γ > 1，脑的活动达到意识涌现的阈值时，

$$C = aA \qquad （4-2）$$

这是有意识活动的情况。

个体除有意识活动外，还无意识地进行着大量认知活动和行为。

在有意识活动中，脑内信息传递的方向是：从意识内容的编码—表征系统传向意识活动的控制—调节系统，经过控制—调节系统的选择性增强后，传送到意识活动的全局传播系统，信息在全局传播系统中多次振荡而扩展，信息会再次进入（reentry）大脑皮层的信息加工脑区，[8]并产生意识的主观体验，[10]然后传播过程终止。

意识活动的全局传播系统的活动受意识觉醒的支持系统的支持。全局传播系统的活动与意识觉醒系统的紧密耦联，是产生意识主观体验的重要机制。意识的编码—表征系统中加工不同种类信息的脑区发送不同内容的信息，并在全局传播系统中多次振荡而扩展，又再次进入大脑皮层信息加工脑区，分别产生不同内容的意识主观体验。

心智游移的研究[13]表明：个体在清醒时的有意识活动形成意识流，其中交替地进行着外界环境信息的加工或内源性信息的加工。

4.意识集成论从与意识有关的心身集成、心理和环境集成等方面考察意识的特性，意识发展的规律是：个体意识随着个体脑的发育过程而有发生、发展、衰退和终止的历程。个体意识是在先天遗传基础和后天环境作用中发展的。[1]

对个体来说，由于脑的可塑性，脑内意识的神经网络的特征参量a是时间t的函数，t指个体一生中意识的神经网络发生、发展、衰退、终止的时间历程。

脑和外界环境不断相互作用。外界环境的物理刺激P在感受器处形成神经脉冲，引起脑内加工信息的相关脑区激活。实验表明，特定脑区的激活水平A正比于物理刺激强度P的对数值。[14]将此代入（1）式就得到心理物理学中感觉的主观体验强度C和物理刺激强度P之间的心物关系公式[15]：

$$C=K\log P \tag{6}$$

式中K是包含特征参量a的比例系数。（6）式中C是心理量，P是物理量。此式把心理量和物理量联系起来。

人脑是长期进化的产物。[16]人类并不是自然界中唯一拥有意识的生物。根据前面的讨论可以认为，若一种生物的脑结构和脑功能进化到具备前述的意识的αβγ机制的程度，这种生物就有意识，当然意识内容的复杂程度随着进化水平而不同。

上面的讨论是初步的，请批评指正。

参考文献

[1] 唐孝威 . 2004. 意识论：意识问题的自然科学研究 [M]. 北京：高等教育出版社 .

[2] 唐孝威 . 2011. 一般集成论——向脑学习 [M]. 杭州：浙江大学出版社 .

[3] 唐孝威 . 2003. 脑功能原理 [M]. 杭州：浙江大学出版社 .

[4] Saper, C. 2013. Brain stem modulation of sensation,movement, and consciousness. In:Kandel E.et al. *Principles of Neural Science*[M]. Mc Graw Hill.

[5] Kandel, E. 2013. From nerve cells to cognition: The internal cellular representation required for perception and action. In Kandel E.et al.*Principles of Neural Science*[M]. Mc Graw Hill.

[6] Posner, M. 2012. Attentional networks and consciousness[J]. *Frontiers in Psychology*, 3:64.

[7] Goll, Y. et.al. 2015. Attention:the claustrum[J]. *Trends in Neurosciences*, 38(8): 486.

[8] Edelman, G., Tononi, G. 2000. *A Universe of Consciousness: How Matter Becomes Imagination*[M]. New York: Basic Books.

[9] Dehaene, S. et. al. 2003. A neuronal network model linking subjective reports and objective physiological data during conscious perception. *PNAS* 100: 8520–8525.

[10] Dehaene, S. 2014. *Consciousness and the brain:Deciphering how the brain codes our thoughts*[M].New York: Penguin.

[11] Baars, B. 1988. *A Cognitive Theory of Consciousness*[M]. Cambridge University Press.

[12] Crick, F., Koch, C. 2003. A framework for consciousness[J]. *Nature Neuroscience*, 6 (2): 119–126.

[13] 宋晓兰 , 唐孝威 . 2012. 心智游移 [M]. 杭州：浙江大学出版社 .

[14] Sokoloff, L. 1984. Metabolic probes of central nervous system activity in experimental animals and man[J]. *Massachusetts:Sinauer Associates,Inc.*

[15] Fechner, G. 1966.*Elements of Psychophysics*[M]. New York: Rinehart and Winston (Original work published 1860).

[16] Eccles, J. 1989. *Evolution of the Brain: Creation of the Self*[M]. London: Routledge.

心智集成与身心问题

——评唐孝威院士的心智集成论

黄家裕 *

人的意识如何产生？唐孝威院士把一般集成论的思想和当今的神经科学有机结合起来，他提出大脑的四个功能系统理论，用该理论解释意识产生的机制及情绪和认知活动的关系。笔者认为它对人工智能有重要的意义。本文从哲学视角对意识的突现问题、还原问题及结构与功能问题等反思该理论。

1　集成与大脑

唐孝威院士提出用一般集成论解释心智现象，即心智集成是研究心智的科学范式。他认为"……可以注意到这样的事实：集成作用和集成过程不但在脑的活动中起着重要的作用，而且在自然界、科学技术领域和人类社会中广泛存在"。按照他的思想，从物理空间的维度来看，大脑可以分为三个层次："脑的许多层次可以划分为微观、介观和宏观三个不同的水平。"微观主要是由分子、亚细胞结构和神经细胞构成的回路。宏观主要是指整个大脑。介观是微观和宏观之间的那个层次。

---

* 黄家裕，浙江师范大学法政学院副教授。

唐院士在鲁利亚（Luria）关于脑的三个功能系统的学说的基础上，提出了脑的四个功能系统学说。"我们发展 Luria 的脑的三个功能系统学说，提出脑的四个功能系统学说，认为脑内存在四个相对独立而又紧密联系的功能系统，即：第一功能系统——保证、调节紧张度和觉醒状态；第二功能系统——接受、加工和存储信息；第三功能系统——制定程序、调节控制心理活动和行为；第四功能系统——评估信息和产生情绪体验。这四个功能系统集成为整体的脑，人的各种行为和心理活动，都是这四个功能系统相互作用和协同活动的结果……复杂的脑是集成的脑。"

2　集成的基本思想

唐院士在《一般集成论——向脑学习》一书中写道："在集成过程中，集成体的集成度提高，并在一定条件下展现新现象，使集成统一体出现原来成分并不具有的新的特性，这称为涌现（emergence）"。这个英文单词，在生物学中有时翻译为"突变"，在哲学中有时翻译为"突现"。其含义基本相同，只是不同学科讨论的重点不同而已。

按照唐院士的相关论文及专著，笔者认为，突现是他的集成论的基本思想之一，其主要观点如下。第一，所有事物都是有组织的东西，并且不同事物按照层次，由低层次到高层次构成复杂的系统。比如，他关于大脑的三个层次的划分明显体现这点。第二，当不同要素集成为一个系统时，该系统具有一些新的性质、新的特征，并且，这些新的性质和特征是系统中的要素所不可能具有的。也就是说，我们无法用系统中的要素解释系统的新性质。由不同要素，或者说不同的实体构成的系统突现一些新的事物，这些事物本身是非实体性的东西，而是一种关系性的东西，是不同实体相互作用所表现出的过程。在本体论层次上，系统突现出来的东西是过程的或关系的性质。第三，高层次和低层次之间具有双向因果关系。一种是上向因果关系，高层次总是依赖于低层次，没有低层次事物的存在，高层次就不可能存在。另一种是下向因果关系，高层次的许多突现性质总是能够反作用于低层次事物，对低层次事物发生支配的作用。

虽然古代没有一般集成论，但是与集成有关的一些思想可以追溯到亚里士多德。亚里士多德提出"整体不等同于部分之和"的思想。他在《论题》（*Topic*）一书第五卷第13章中写道："一般说来，所有的方式都表明，整体并不等于部分之和……"后来，德国学者提出了格式塔转化的思想，这些思想进入了心理学界，形成"完形心理学"。另一方面，达尔文在进化论中，明确提出了生物具有突现的性质，这种性质通过自然选择的机制进行淘汰或保存。英国的哲学家则进一步从哲学探讨突现的思想。穆勒把因果关系引入突现中。按照他的思想，有两种因果关系。一种是同质的因果关系，另一种是异质的因果关系。前一种因果关系是可以具有"合成性"。即所有的原因都具有同质性，这些同质性的原因以合力的形式导致相应的结果。比如，力的合成就是一个同质因果的典型。这种因果关系遵从同质定律。后一种因果关系具有"异质效应"，比如，氢气和氧气的化合产生了水。在这里氢气和氧气的性质是不同的，但是当它们一起发生作用时，产生共同的结果：水。水的性质不同于前二者。后来，哲学家把穆勒关于异质性的因果关系称为突现。

3　集成心智的哲学思考

突现和突变在英文中都是 emengence。对于个体的心智来说，显然不包含基因突变的意思。当然，从进化论的角度讲，对于种族的心智而言，应该包含突现和基因突变的意思。

3.1　突现问题

第一，意识与物质的相互作用和能量守恒定律的问题。按照能量守恒定律，能量不能创造，也不能消灭，它只能够从一事物转移到另一事物，或从一种形式转化为另一种形式。对于一个由各种电子器件集成的芯片而言，可产生出任何某个电子器件所没有的功能。由于其信息及能量以电磁的形式相互作用，因此其新的功能可以作用于任何电子器件。这符合能量守恒定律。但是，意识反作用于物质的现象，就难以用能量守恒定律解释了。

在神经系统和身体的其他要素及外部环境的相互作用下，人的意识便突现了。任何要素之间的相互作用都需要消耗能量的。这三者相互作用，其所需要的能量主要来源于它们自己。这是可理解的，因为这三种东西都是物质，物质本身必然存储相应的能量。

然而，当出现意识之后，意识便反作用于这三者，但是意识本身既不是物质的，也是不是能量的，也不是信息的。意识只是三者共同作用下一种突现出来的现象。那么意识对于这三者的反作用的能量从哪里来？也许可以说，能量从这三者中来，但是，这三者是被动地被意识所作用的，一个被意识作用的东西应该接受意识所包含的能量而不是为意识提供能量。因此，能量只能来自施动者，即意识需要在反作用于神经系统和身体及环境的过程中提供一些必要的能量。但是，目前没有任何的证据支持意识本身包含一定的能量。由此，这是不符合能量守恒定律的。也就是说，突现的根本原因是由于系统的整体性造成的。然而，当系统突现出某种新事物时，这种新事物便支配着系统的其他要素。如果这个新事物要支配系统的其他要素，必然要消耗能量，这些能量从哪里来？这需要进一步解释。

第二，突现与因果问题。对于任何事物而言，它们之间的相互作用都遵循因果关系。对于同层次的因果关系，显然可以用集成理论解释。神经细胞在相互作用过程中总是按照一定的因果规律发生作用的，神经系统与身体相互作用的过程以及身体与环境相互作用过程也是按照一定因果规律相互作用的。在神经、身体和环境相互作用的过程中，意识产生了。从上向因果关系看，虽然意识产生了，但是意识本身并不能独立于神经细胞等物质，没有这些物质，意识就消失。比如，当某些脑细胞死亡之后，大脑便失去某些功能，某些意识便无从产生。

但是，下向因果关系就非常难以解释了。当意识产生之后，意识必然对神经、身体发生作用。这是因果的下向过程。意识按照什么方式作用于神经和身体？意识为什么能够支配身体的运动？就目前而言，这还没有明确的答案。但是不管意识按照什么方式作用于神经和身体，意识、神经和身体这三者之间的关系必须遵守相应的因果关系。可是，意识本身既不是物质性的东西，也不是能量性的东西，甚至不是信息性的东西，它对于神经、身体的反作用时不可能具有因果关系。这种状况下，对意识的解释又回到了神秘的状态。

3.2　还原问题

唐院士关于人的意识可以从脑的四个功能系统的相互作用和协同活动说明的观点，必然得把整体还原为部分，然后根据部分的集成重新说明整体。也就是说，按照他的看法，意识的相关性质可以根据脑的四个不同功能系统的相关性质做出相应的说明。他说，"我们认为，心智能力是觉醒、认知、情感、意志等能力集成的结果……"按照唐院士提出的理论观点，心理活动和人的行为是由脑的四个功能系统的相关性质和相互作用而产生的，因此，人们可以根据四个系统重新说明心理活动和人的行为。另一方面，他也认为，集成过程必然包含还原。他说："还原的意思是分析统一体中的集成成分。综合的意思是将集成成分集成为统一体。还原和综合在集成过程中都是不可缺少的。"

我们先分析有哪些还原的道路。从目前来看，还原有三种方式。第一，结构性还原。这种还原是把整体还原为系统不同要素之间的关系或结构，然后根据系统不同要素之间的关系和结构重新说明整体的性质，由低层次理论到高层次理论。例如，关于热现象的解释，比较粗略的办法是用体积，气压，温度等概念说明。比较精致的办法是用分子平均动能说明。前一种说明方式可以还原为后一种的说明方式。第二，元素性还原。这种还原是把整体还原为各种不同的元素；然后根据不同的元素对整体的相关性质进行解释。这种还原是不可行的。因为整体并不是元素的线性累积，元素是按照非线性的相互作用构成整体的，所以"整体大于部分之和"。由此，整体不可能分解为元素，并且无法根据元素解释整体的现象。其在科学方面的表现是把理论命题还原为观察命题。这是逻辑实证主义的还原论。第三，功能性还原，或者意义方面的还原。这种还原是从功能角度或意义角度，把整体化解为部分的某些功能然后由此说明整体的意义和功能。但是，这种还原会出现不可通约性现象。比如，在牛顿理论中，时间、空间等术语的意义和爱因斯坦相对论中的时间、空间概念根本不相同。

从上述讨论来看，把心理活动和人的行为还原为脑的四个功能系统的学说所走的还原道路可能只走结构还原的道路，而要根据脑的四个功能系统解释人的心理活动和行为。那么脑的四个功能能够说明人的心理活动和人的行为吗？笔者认为，从脑的四个功能能够说明心理活动。还原只是在心理层面的还原而已，按照唐院士的理论观点，还原的结果必须包含有心理意义的东西，对于意识的还原不可能还原到分子层次，对于意识的分析单元也不可能是分子层次。因此，唐院士只是把意识还原的更低的心理层次，而意识本身是心理的高级功能。他认为，根据脑的四个功能学说，心智活动是注意过程、操纵过程、计划过程，学习—记忆过程和评估—情绪过程的集成。由此可知他所说的还原都还是心理不同层次的还原，由此，从原则上讲，这是可行的。

但是，按照脑的四个功能系统学说，能否根据脑的四个功能系统的相关特性说明人的行为及其意义呢？笔者认为有很大的困难。因为人的行为基本的特点之一是生理性的。比如，"我伸手拿杯子喝水"。这个行为体现出心理的因素，但是，同时具有生理性的因素。"伸手"这个动作中，手的物理位置发生变化本身是一个生理性的过程。如何根据脑的四个功能系统学说解释手的物理位置发生变化及其意义？按照他的观点，还是得用还原方法。第一，得把意识还原为各种心理活动；第二，根据心理的各种活动进一步把它们还原为大脑的各种神经活动；第三，根据大脑的各种神经活动解释手的空间位置的变化。从目前的相关理论看，第一步骤，把意识还原为各种心理活动，从原则上讲应该是可以的。第三步骤，根据大脑的神经活动解释手的物理位置的变化，从原则上也是可行的。因为二者都属于生理层次上的。可是，第二步骤，把各种心理活动还原为大脑中的神经活动则非常困难。从我们上述的论证可以知道，这涉及突现问题，同时涉及因果规律问题。这两方面的问题目前都无法解释。

3.3 结构与功能问题

唐院士用一般集成论于心智的研究，需要预设大脑具有固定的结构，由于大脑的固定结构，所以大脑具有产生意识的功能。这和 Fodor 关于心智模块具有结构的思想相类似。但是，其面临的问题是一个固定结构的大脑如何产生变化万端的意识活动。其实，大脑具有固定结构并不是大脑产生意识的充分条件，这只是意识得以产生的必要条件而已。大脑要产生意识，应该还有其他条件。

第一，结构与功能是静态的。人的意识的活动，各种心理状态之间的相互作用都是一个变化的过程。对于这些变化的过程，往往有因果规律隐藏里面。然而，结构所描述的规律往往是形态学方面的规律，目前结构功能涉及的规律是共时性的规律，在这些规律的表现过程中，时间（t）永远是零。因此，这些规律所描述的现象并不随着时间变化而变化。

第二，意识的内容具有社会性。虽然意识的形式可能与大脑的结构相关。但是，意识的内容则来自人们的社会文化等，那么大脑作为一个具有固定的结构的东西，它如何产生这些具有社会文化性质的意识内容？按照集成论的观点，意识的内容和意识的形式是可以分离的。如果意识的内容和意识的形式可以分离，相同的意识内容可以由不同的意识形式承载。反之，同一意识形式可以承载不同的意识内容。

3.4 鲁利亚理论的发展问题

笔者认为，唐院士批判性地吸收了神经心理学创始人之一鲁利亚的思想。

鲁利亚是前苏联文化历史学派的重要创始人之一，他试图从马克思主义哲学的立场构建一个神经科学理论。但是，由于他过于片面强调"意识的历史唯物主义"，即过于注重意识的社会性、文化性和历史性，忽视"意识的辩证唯物主义"，即忽视意识产生的物质性条件、生理性条件等，由此他的理论难以解释意识产生的因果过程。

唐院士应用一般集成论思想和当代神经科学的最新成果阐释脑的四个不同的功能系统如何产生意识的问题，试图寻找一条机制。就理论整体而言，它比前者更合理，但其思想框架还没有超越鲁利亚的范围。

参考文献

[1] 唐孝威.2011.一般集成论——向脑学习[M].杭州：浙江大学出版社.

[2] 孙淑生,李必强.2003.试论集成论的基本范畴与基本原理[J].科技进步与对策,10.

[3] 潘慧明,黄杰.2006.集成的基本原理与模式研究[J].湖北工业大学学报,02.

[4] 海峰,李必强,冯艳飞.2001.集成论的基本范畴[J].中国软科学,01.

[5] 刘晓强.1997.集成论初探[J].中国软科学,10.

[6]　邢如萍 . 2009. 下向因果性与附生性 —— 论金宰权对突现论的反对 [J]. 系统
　　　科学学报 , 02.

[7]　李建会 . 1995. 还原论、突现论与世界的统一性 [J]. 科学技术与辩证法 , 05.

宇宙演化的秩序、时间、空间、层次和结构
——"一般集成论"的哲学观

叶　伟[*]

　　一个时代的哲学代表了一个时代对世界的根本看法，它和宇宙一样也有演化性以及发展的阶段性。哲学和科学之间具有相互促进、相互印证的关系。一方面哲学能指导科学去认识和发现世界，另一方面科学认识的发展也为哲学提供了坚实的现实依据和丰富的素材，从而使得哲学得到进一步的丰富和深化。如果说，从哲学认识到指导科学是演绎的过程，那么从科学认识到哲学则是归纳的过程，两者循环互动，不断深入对世界的根本看法。

1　辩证逻辑对宇宙和其发展过程的总体认识

　　辩证逻辑是对世界本体看法的逻辑，也是关于世界演化的逻辑。辩证逻辑认为，整个世界是理性或秩序的，也是物质的，或者也可以说，物质是具体的存在状态，而理性或秩序就是物质的运动规律，物质按照这种秩序不断的发展和演化。物质在结构上具有层次性，并且以整体结构的集成体形式存在。同时物质是运动的，时间就是物质发展过程的绝

*　叶伟，浙江大学医学院硕士研究生，跟随唐孝威院士从事交叉学科研究，主要方向为凝聚态物理和医学结合研究老年痴呆症。

对抽象，而空间就是物质存在形式的绝对抽象，这种运动是有层次性的规律可循的，并且由于运动引起时空的变化，这种规律具有相对性。

对立统一规律、否定之否定规律、量变到质变规律是辩证逻辑的三大规律，其中对立统一规律是最根本的规律。对立统一规律不光是本体论的规律，也是思维的逻辑学规律。对立统一规律认为，事物的运动具有绝对性，因此必然导致事物发生变化；而当这种变化使事物分裂为两个对立面/事物概念（潜在和实在概念，运动就是潜在概念之现实化）时，就形成了矛盾；[1] 这种矛盾进一步发展壮大，发生相变就导致自我对立的产生。不同于空间中不同事物的并列且对峙的关系，这里的对立是同一起源物的自我多相或者说多种的存在状态；而统一指事物发展都统一于一开始的本源。例如宇宙的发展过程：基本粒子→化学元素→无机物→有机物→生物→人的过程就是一个辩证的发展过程。这里每个事物都和其他事物相对立，但同时又统一于一开始的基本粒子。对于这种统一性，在科学认识方面已经基本达成共识，例子非常丰富。例如，很早之前维勒（F. Wohler,1800—1882）就首次从无机物中用人工合成的方法制成了有机物尿素，打破了有机物与无机物之间截然分隔的界限，从而为有机物与无机物两者的统一性提供了强有力的证据。再如基本粒子物质向化学元素物质的演化，也正在被现代宇宙学的理论和实验所证实。物理学家 S. 温伯格在《宇宙起源的现代观点》一书中说："随着我们追溯愈来愈远的宇宙历史，我们终于会来到一个时期。这个时期的温度是如此之高，以至光子的碰撞可以从纯能量产生出物质的粒子"，"不是所有的粒子都是同样基本的，有些是真正的基本粒子，而其他所有粒子都不过是它们的组合"。[2]

这个过程中，演化是圆圈式、循环向上的。从圆心出发，每个阶段吸收了上一阶段的成果，因而变得愈加丰富。"它从单纯的规定性开始，而后续的总是愈加丰富和愈加具体。因为结果包含了开端。而

开端的过程以新的规定性丰富了结果。普遍的东西在以后规定的每一阶段，都提高了它以前的全部内容。它不仅没有因为它的辩证的前进而丧失什么，丢下什么，而且带着一切收获和自己一起，使自身更加丰富，更充实。"[3] 更高的发展，就是更高的综合，更高层次的集成。整个过程具有方向性，即宇宙的演化，是从低级到高级、从简单到复杂、从无序到有序、从非生命到生命的过程。

2 辩证思维对认识事物角度的启发

整个世界的发展是物质的发展，并且是在不断运动的物质的时空中进行的，而且这种发展是层次性、结构性的，是具有多维性的。如果割裂去看，可以从下面这些角度去观察世界：时间—新事物、时间—层次、时间—结构、空间—层次、空间—结构、时空—新事物—层次—结构 [见图 1]。

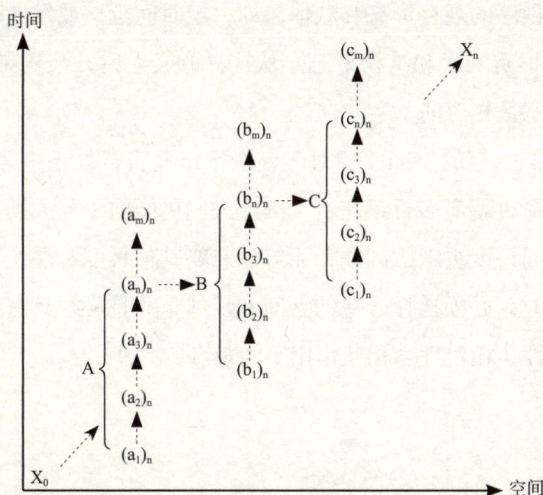

图 1 X_0 代表宇宙起源于某种同一物质或物质族，X_n 代表宇宙演化的最新物质或物质族，A、B、C 代表某个时空阶段宇宙演化而出的物质族，a_1、a_2、a_3、a_n 到 a_m，b_1、b_2、b_3、b_n 到 b_m，c_1、c_2、c_3、c_n 到 c_m 则分别代表 A、B、C 物质族的演化历程。$(a_1)_n$、$(a_2)_n$、$(a_3)_n$、$(a_n)_n$、$(a_m)_n$，$(b_1)_n$、$(b_2)_n$、$(b_3)_n$、$(b_n)_n$、$(b_m)_n$，$(c_1)_n$、$(c_2)_n$、$(c_3)_n$、$(c_n)_n$、$(_m)_n$，则代表某个确定时空中具体某种物质的集合或种群。

从时空—新事物角度去观察事物，就是宇宙的演化史，生命的演化史……同时这种新事物通过量变以及相互的作用，就集成了新的层次，而包含这个层次以及下级所有层次的新的集成体就形成了新的整体，层次和整体本身都是具有结构的。

过去就是历史中的存在，而现在只是流变的物质形态的瞬间。同时物质形态的发展具有阶段。在某个阶段性，即在一定时间范畴内，空间中存在的具体物质形态由于没有发生质变而具有一定的稳定性、确定性和排他性。同时必须指出的是：这种稳定性只是一种暂时的状态，因为发展具有无限性的特点。空间分析的方法是对处于暂时稳定态的物质形态进行观察的一种方法。如果同时考虑到时间的因素，然后对现存状态进行分析和认识，那么可以认为这是历史唯物主义的观点；而如果单纯只考虑空间，就认为世界处于静止状态，否认了发展和下层次要素之间的联系，会陷入机械唯物主义的观点。因此，从辩证思维角度看，世界既是理性也是唯物的。这里的理性是指世界存在物一开始就蕴含的和潜在的秩序，这和传统所认为的主观精神层面的唯心是完全不同的。而物质只是这种秩序的现存形态和载体，即一定时间范畴或发展范畴内的空间中具体的物质层次和结构形态。从这种意义上讲，演化具有绝对性，而稳定的状态是相对的。

因为我们生存的空间，相对于整个宇宙而言，处于中等规模尺度，而个体的寿命也就最多百年左右。因此人们更倾向于与人类个体相适应的空间和时间尺度去考虑问题，而容易忽略其他尺度和层次。所以考虑和认识事物时，必须选择合适的空间和尺寸，并且必须具有统一性、动态性、层次性、相对性、相互作用等的观点。

3 宇宙演化的根本动力是什么？

那么驱使这种演化的直接动力是什么？本人认为，主要包括:（1）存在物内部的矛盾;（2）目标;（3）更高层面的集成体构成的环境压力，或者可以称为外因。

物质的运动具有绝对性，一定时间范畴内的存在物具有确定性，但运动会导致其出现原本所没有的新性状、新规定，这种分裂出来的新性状、新规定和存在物原有的性状和规定之间就是性状自我的矛盾。正是这种存在物内部的矛盾，或者说内因，是导致宇宙不断发展和演化的根本原因。

在发展开始的任何起点开始，指向任何方向都是合理的，但这只是可能性，经过现实所构成的外环境筛选后，最终的选择方向才使可能性最终转变成现实性。因此，外部环境构成了对环境内存在物的压力，在这种压力下保持稳定，就成了存在物的目标。例如对于生命体来讲，其新出现的性状、规定是否合理，取决于和环境相互作用后，是否能达到适应和繁衍的目标。如果不能，那么这个方向即为在这种环境下不合理的，新诞生的生命体没有达到适应这种环境的目标，其存在是不稳定的，不具有延续性。而对于非生命的人造物来讲，其最后显现的新性状、新规定是否满足预先的目标，就成为其是否能存在的压力和目标。对于人类的社会活动来讲也同样如此，最后是否能稳定存在，取决于实践后的结果是否能达到目标，即是否适应环境现实。

因此，简单地讲，驱动演化的根本原因在于存在物变化的绝对性，即运动的存在物出现矛盾的绝对性;而是否能稳定存在，这种矛盾变化是否合理，这取决于其是否能适应更高层面的集成体构成的环境压力。这种适应性对存在物而言就是目标。存在物和外部环境之间相互作用、相互利用，使得存在物发展的可能性变成了现实性，从而使整体走向更高的综合与集成。

4 新的集成体或者综合体成立的标志

新的集成体或者综合体的出现，是事物发展中一个重要的阶段，表明事物发展综合到新的阶段。[3] 这个阶段具有递归性和无限性，并且作为整体的集成体的产生和下一级集成体的产生具有自相似性。新集成体大致过程如下：集成体随着运动发展出现变异，这种变异即矛盾，矛盾进一步发展发生质变，就形成了新的个体；这种新的个体还不是新层次的集成体，必须经过新个体的扩展过程，发生量变，并且个体之间相互作用，作为整体性出现新规定和新性状，新综合水平的集成体才正式诞生。这种新的集成体其复杂程度远高于构成其部分的个体，因为其不仅包含了其下所有层次，并且存在下面级别所没有的新规定和新性状。

这种新的集成体能稳定存在和发展，必然具有一定阶段内的平衡特点，同时也具有开放的特点。在这个新的集成体中，这种平衡不仅表现在内部的相对、动态的平衡，也表现为与外环境的相对、动态的平衡。因为从低级别的集成体到高级别的集成体的过程，是从无序到有序的过程或者说从低级的有序到更高级的有序的过程。这个过程是反熵的，而如果是孤立的系统，这种有序化的过程是不能完成和最终保持稳定的，因此集成体和外部环境必然存在能量、物质和信息的交换，这样才能保持内部的稳定并且适应和稳定存在于其环境中，这种作用可以称之为同化作用；而适应这种内外环境的要求所产生的新性状、新规定等，则是新的功能、新的现象。从同化作用角度看待个体事物的诞生和消失，则情况如下：诞生——作为整体形式的同化作用的出现，稳定存在——同化大于等于异化作用，衰退——同化小于等于异化作用，消亡——同化作用消失，只存在异化作用。

如果从整个宇宙角度看，发展是从无序到有序，从低级到高级，从简单到复杂的过程。整个宇宙是一个最大的集成体，如果提供这种演化能量的是宇宙自身，并且宇宙物质和能量的总和具有不变性，那么整个演化的过程也是物质和能量互相转化的过程，直到这种平衡被打破为止。从这个意义上去看，宇宙也具有生、住、坏、灭，然后再次循环的过程。

5 演化或集成的基本原理

宇宙演化或集成的过程也是不断集成或综合的过程，也是从无机物到有机物，再到生物体系和精神系统的过程。[4] 其总体原理概括如下：目的性、整体性、层次性、协调性、自相似性、开放性、稳定性、自组织性。

目的性实质是存在物和外环境相互作用追求现实性而产生一种自觉或不自觉的适应性。从演化和集成角度看，从开始发展后任何方向都具有合理性和可能性，但最终稳定存在才是一种现实性的达成，这里存在外环境对选择的诱导作用，路径具有多样性。对个体而言，达成这种现实是一种适应，也是它不自觉或自觉去实现的目的。

整体性就是指集成体具有部分所没有的整体性的新规定、新性状，而不是简单的部分加和或者集合，而是由相互作用和联系的集成个体所组成的。对此，亚里士多德曾明确地指出：整体大于它的各个部分的总和；而黑格尔也同样指出："比如一只手，如果从身体上割下来，按照名称虽然仍然可以叫作手，但按照实质来说，已不是手"。[5] 可以说整体性是新的集成体形成的必然和必要性的标志。耗散结构理论就是对集成体构成整体自发性组织前提条件进行研究的学科，协同理论则是研究子集合体如何相互作用形成整体性的、更高层次集成体的学科，超循环理论研究大分子如何自发组织起来，形成协同整合的超循环组织，从而向更高复杂性进化的学科。正是由于整体性，造成集成体和集成个体的差别，形成众多的层次性整体，而不是仅仅是量的积累。[6]

层次性具有两种情况，首先是作为类具有层次性，其次是类所包含的个体相互作用集成整体而具有层次性，这种层次性也是一种等级性和秩序性，具有递归性的特点。例如基本粒子→化学元素→无机物→有机物→生物，或生物大分子→细胞器→细胞→组织→器官就属于第一种情况，而红藻生态群落→绿藻生态群落→苔藓生态群落→裸子植物生态群落→单子叶生态群落→双子叶生态群落，或基本都有神经元构成的神经元簇→神经回路→脑功能子区→脑功能区则属于第二种情况。相对应不同层次中作用的规律或者结合方式、现象等等都具有同样的等级性或秩序性。宇宙演化的方向也是不断产生新的层次的过程。

协调性本质上是组成整体的集成个体在空间分布、时序、联系方式等等具有协同达成整体目标的特性。这是集成个体的简单加和或集合区别于具有协调性、相互联系性的整体的根本特点。

自相似性是指在具有等级秩序的层次中，从不同的空间尺度或时间尺度来看本层次和下层次，本层次或与上层次相比较都是相似的，或者整体的局部和局部的整体类似。这种自相似性不仅是存在的自相似性，也具有演化方式的自相似性。从根源来说，自相似性和宇宙演化的递归性密切相关。另外，这种自相似性和事物在发展过程中具有自觉保持自身平衡以及惯性的特点有关。

开放性指集成体和外环境之间有不断的能量、物质和信息的交换，只有这样才能保持相对的平衡有序，并且具有演化的潜力。开放性的原理实质是符合热力学第二定律的，因为只有保持开放性才能将熵排入环境获得负熵，当然和孤立系统假设所不同的是，这种和外环境的交换不仅涉及能量也涉及物质和信息；同时开放性也是内部矛盾和外部环境、低层次与高层次之间的连接点。[7]

稳定性是指集成体具有在动态性地保持自身有序性和平衡的特性。这种稳定性的保持是依靠和外界环境不断进行交换物质、能量和信息才得以维持的。在相对封闭的系统中，不存在这种动态的稳定，因为这种系统无法将负熵排入环境而获得发展能力，从这点意义上讲，开放性是稳定性的前提条件，静止和封闭都不能使系统得到演化。特别需要强调的是：这种稳定性是动态的，不是绝对的稳定，更不是长久的稳定。这是因为：一方面存在着集成个体和整体的涨落情况；另一方面，得以维持的外界环境条件也同样是不可能长存的。因此，从总体上看，运动具有绝对性并且存在于一个个阶段性的相对稳定存在中，正是这无数的相对稳定性构成了运动的绝对性，两者具有对立统一的关系。[6]

自组织性就是存在物具有自发形成某种稳定、有序的结构、功能、状态等特性。宇宙从诞生到现在，如果没有自组织性，形成目前的宇宙，那是不可想象的。有人或许会归结于"上帝"，有人或许会归结于"第一推动力"，有人或者干脆不以为然。自组织性以存在物的开放性为前提，是内因、外部环境的相互作用的结果。自组织的过程即自适应的过程，也即达成目的的过程。

6 演化或集成的现象和规律

事物在演化或集成的过程中，发生的现象和规律具有一定的普遍性。主要包括：量变、突变和质变；结构和功能；信息和控制；线性和非线性；平衡和非平衡。

量变、突变和质变就其本质而言，量变和突变都是事物发展的方式，所不同的只是发展的速度。在事物演变的过程中，量变和突变都可以发生。量变实质是事物通过不断积累或发生更加紧密的联系，从而逐渐积蓄演化潜力的发展方式；而突变是事物从某种稳定或者平衡状态，在外环境因素或者内环境矛盾因素下，突然发生失衡的事物发展方式。量变和突变能否导致质变，即新的集成个体或者新事物的发生，具有不确定性，这取决于最后的结果能否制造新的动态的发展过程，而不是回到原来的稳态之中。质变这里指的是新集成个体或新事物、新层次、新整体的产生，而不是指一种新的现象的涌现。质变是事物发展到新阶段的标志，也是量变或者突变最终的归宿之一。

结构和功能是事物中相互联系又相互区别的基本属性，结构是功能的基础，而功能是结构的直接体现者，也是事物实现目的的最终手段。结构指的是集成体各个层次、各个要素以及它们之间的联系方式、秩序和时空关系等等相互联系方式的综合。对结构这个概念而言，不光要强调其组成的集成要素和层次，更要强调其相互联系关系。另外，结构是内外环境双重作用下，事物形成一种相对稳定的状态的体现，也具有动态性和发展性的特点。功能是结构相对于外部环境的体现者，是内外之间联系、沟通的手段。可以说每个事物都有其功能，这种功能可能是人工的功能，也可能是自然的功能。但无论是自然功能还是人工功能必然具有目的性，因为这是事物稳定存在的前提条件或手段，自觉地保持稳定和平衡是事物的最本质原理之一。

信息控制与反馈是事物与外环境或者更高层次之间沟通、联系的具体内容以及动态的调整过程。信息是集成体和外环境，或构成集成体的层次内或层次之间相互作用和联系的具体内容，其本质既是物质的，也是能量的。信息和功能紧密相关，也可以说与结构一样是功能最终能够体现的基础之一。反馈分为正反馈和负反馈。正反馈是指事物的功能、结构或信息联系的加强，是对现存稳态或动态平衡的一种破坏；而负反馈则是事物的功能、结构发生衰减，是事物保持动态平衡所必需的。正反馈和负反馈具有对立统一的特点，相互依存并且统一于事物保持平衡性的目的。

线性和非线性也是确定性和不确定性的问题。线性即确定性或决定论，认为事物发展一旦初始的条件给定了，那么其结果也就决定了，是一种单因单果的关系。而非线性或者非确定性是量子力学的一个基本原理，研究非确定性的理论主要是混沌理论。不确定性或者混沌并不是随机性，也不是牛顿与欧几里得式的因果关系，而是一种更高级层次的次序。在不确定性中，事物对初始状态非常敏感，几乎相同的初始条件可能具有非常不同的结果，即一因多果；或者不同的初始状态却具有相同的结果，即多因一果。因果关系不存在一一对应。[8]

平衡和非平衡。平衡既是一种关系，又是状态。就存在物内部的矛盾诸方面对立统一而言，平衡是一种关系；就事物的运动而言，平衡是一种状态。平衡关系是存在物的内在本质，而平衡状态是其外部表现，而事物具有自觉保持平衡的特性。物质的辩证运动过程，即对立统一的运动，也是平衡和非平衡的运动。平衡具有相对性、暂时性、动态性和递升性的特点。事物在一定条件下形成的平衡中必然存在非平衡，而这种暂时的平衡，会由于内部或者外环境的变化而被打破，经过调整或矛盾转化，形成新的平衡，即平衡—非平衡—新平衡的动态过程。这个过程具有循环和递升的特点。同时平衡也可以分为稳态的平衡和发展的平衡两种类型。

参考文献

[1] 何新. 2008. 我的哲学思考：方法和逻辑 [M]. 北京：时事出版社.

[2] 史蒂文·温伯格. 2000. 宇宙最初三分钟：关于宇宙起源的现代观点 [M]. 张承泉等，译. 北京：中国对外翻译出版公司.

[3] 黑格尔. 2002. 逻辑学 [M]. 北京：人民出版社.

[4] 唐孝威. 2011. 一般集成论——向脑学习 [M]. 杭州：浙江大学出版社.

[5] 黑格尔. 2011. 小逻辑 [M]. 贺麟，译. 北京：商务印书馆.

[6] 魏宏森，曾国屏. 2009. 系统论：系统科学哲学 [M]. 北京：商务印书馆.

[7] 伊利亚·普利高津. 2009. 确定性的终结：时间混沌与新自然法则 [M]. 湛敏，译. 上海：上海科技教育出版社.

[8] 盛正卯，叶高翔. 2000. 物理学与人类文明 [M]. 杭州：浙江大学出版社.

第五篇　神经集成论

Nonlinear Multiplicative Dendritic Integration in Neuron and Network Models

Danke Zhang   Yuanqing Li   Malte J. Rasch   Si Wu[*]

1   Introduction

The biophysical process involved in neural computation is very complicated, which often prevents us from using a detailed mathematical model to elucidate the underlying mechanism of brain function clearly. Thus, a goal in theoretical neuroscience is to develop simple models which, on one hand, capture the fundamental features of the real biologic systems, and, on the other hand, allow us to pursue analytical treatment unveiling the general principle of brain function [29].

A hallmark of neural computations is the interaction of excitatory and inhibitory drives [59, 13, 29, 55]. Dendritic integration of excitatory and inhibitory synaptic potentials is a complicated biophysical process and involves many nonlinearities [43, 10, 38]. In particular, the position of the presynaptic inputs to a particular neuron on the dendritic tree is very important for signal integration and potential spike initiation [31]. For

* 张单可，杭州电子科技大学生命信息与仪器工程学院讲师；李远清，华南理工大学自动化科学与工程学院教授；Malte J. Rasch，北京师范大学脑与认知科学研究院副研究员；吴思，北京师范大学心理学院教授。

instance, if an excitatory input occurred in the distal region of the dendritic tree (far away from the soma) it is possible that a simultaneous inhibitory input to the proximal region (near to the soma) could effectively "shunt" the excitatory pulse on its way to the soma. Accordingly, this effect is called shunting inhibition ([6, 8, 50], see also review in [36]). On the other hand, if the position of the two synapses on the dendritic tree would be exchanged, a simultaneous input would have a markedly different outcome, with the excitatory pulse reaching the soma and potentially causing the generation of a spike.

While the theoretical basis for the effect of shunting inhibition has been laid out several decades ago by analyzing passive electric membrane properties of dendrites [6, 8, 50, 36], neural network models today still often rely on single compartment models (point models), such as (quadratic) integrate-and-fire model [32, 25], and thus ignore this potentially important nonlinear integration of synaptic inputs [45, 58, 55, 51].

Acknowledging this inaccuracy of common network models already decades ago, it was shown that incorporating nonlinear dendritic effects, such as shunting inhibition, into the mean-field equations of a network of neurons is indeed possible [2, 1]. These nonlinear effects are potentially important as they e.g. explain persistent activity of low firing rates which cannot be well explained by common models as they typically fire in the saturation regime of the input-output relation with unreasonably high firing rates (>100 Hz [27]). However, by starting from the full cable equation, the equations in [2] for incorporating the nonlinear dendritic effects are not of a simple mathematical form.

Indeed, it is known that the effect of shunting inhibition can be (at least during steady state) mathematically conceptualized simply as a "dirty multiplication" of excitatory and inhibitory input conductances [34, 36] in contrast to the common form of linear summation of any two inputs in simple neuron models. Accordingly, a recent study, re-investigating shunting inhibition experimentally [28], found that indeed the integration of simultaneous excitatory post-synaptic potentials (EPSP) and inhibitory post-synaptic potentials (IPSP) could be well described in a multiplicative form:

$$\Delta V_{\text{Soma}} \propto \text{EPSP} + \text{IPSP} + \kappa \cdot \text{EPSP} \cdot \text{IPSP} \qquad (1)$$

where κ is a factor determining the strength of the shunting effect that depends on the spatial arrangement of the synaptic inputs on the dendritic tree.

Given the good experimental agreement of this description, a follow-up study tried to incorporate this abstract formulation of shunting inhibition into a simple single-compartment neuron model [65], which the authors called the "DIF" -model (dendritic integrate-and-fire). In fact, incorporating nonlinear effects of shunting inhibition into simple neuron models would make neural network simulations based on point models more realistic while keeping the formulation and simulation simple and efficient: there would be no need to simulate complex multi-compartment neuron models instead where effects of shunting inhibition are very well understood [28]. In a recent study [21], we carried out a derivation of a single compartment model starting from a biophysical realistic conductance-based three-compartment model. The advantage of our derivation is that the shunting strength κ can be approximated analytically in biophysical terms. Moreover, our formulation naturally includes the correct distance dependence of the shunting strength κ and the experimental results of [28] can be captured well.

The usefulness of integrating nonlinear dendritic processing into a simple neuron model is that network effects induced by shunting inhibition can now be analyzed in much simpler mathematical form. To demonstrate this advantage, we carried out two studies on network dynamics.

Firstly, we devised a network of mutually connected excitatory and inhibitory groups of neurons. The structure of our network model is similar to those analyzed earlier [59, 13], and derivations of its topology were suggested for many brain areas, such as for memory circuits [30], prefrontal cortex computations [42], or decision making [58, 60]. In contrast to previous models, however, in our network inhibitory neurons act as global shunting gates, and thus introduce a new multiplicative nonlinearity. In fact, this arrangement of inhibitory inputs – specifically targeting the peri-somatic regions to act as global shunting gates – has been found to be a common motif for certain basket cell types in the brain [44]. We show that our simplified mathematical form of non-linear dendritic inputs is capable of generating persistent activity with relatively low firing rate in simulations of networks of spiking neuron (around 15 Hz), as has previously been found for firing rate models using a more detailed incorporation of dendritic effects [1]. Moreover, firing levels can be "adjusted" in a gradual manner by e.g. changing the excitatory drive.

Secondly, we used a spiking neuron based continuous attractor neural network (CANN) as a working model to test whether dendritic nonlinearity could achieve divisive normalization in neural network dynamics, as has been proposed by many studies [16, 15, 18]. Our results show that shunting inhibition can indeed achieve divisive normalization effectively.

The results presented below are a summary of our studies published in [21, 63, 20].

2 Single Neuron Dynamics with Shunting Inhibition

To get an intuitive idea of the nonlinearity involved in integrating two synaptic inputs, let us first consider a conductance-based neuron model which receives a pair of excitatory and inhibitory inputs at the soma. The dynamics of the neuron can be written as [36]

$$C\frac{dv}{dt} = -g(v - E_L) - g^E(v - E_E) - g^I(v - E_I) \qquad (2)$$

where v is the membrane potential of the neuron and C the membrane capacitance. g is the leaky conductance and E_L the resting potential. g^E and g^I denote, respectively, the excitatory and inhibitory conductances, and E_E and E_I the corresponding reversal potentials. One finds from Eq. 2 that the membrane potential in the steady state can be written as

$$\bar{v} = E_L + \frac{g^E}{\gamma}(E_E - E_L) + \frac{g^I}{\gamma}(E_I - E_L) \qquad (3)$$

with the factor $\gamma := g + g^E + g^I$. Thus the excitatory conductance g^E, as well as the inhibitory conductance g^I is scaled by a factor (γ) involving both, the inhibitory and excitatory conductances. Therefore the integration of inhibitory and excitatory currents on the somatic potential is nonlinear rather than an independent linear summation.

Of course, shunting interaction in reality is more complicated than this simple case because its effect depends on the spatial configuration of excitatory and inhibitory inputs on the dendrite of a neuron. In the following, we will derive a simple single compartment neuron model which incorporates the effects of shunting inhibition via a multiplicative rule. After the derivation,

131

we will show how different geometric arrangements can be modeled in a network.

2.1 Derivation of a single compartment model with nonlinear dendritic integration

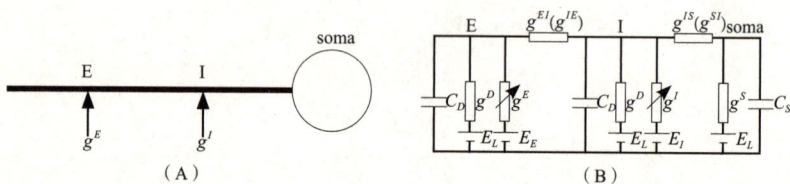

Figure 1: The three-compartment model. A. The spatial configuration of synaptic inputs on the dendrite, with the inhibitory input being on the path from the excitatory site to the soma; B. The equivalent electrical circuit describing the sub-threshold dynamics of the neuron (Eq. 4 - Eq. 6).

2.1.1 On-path configuration

Let us consider a simple integrate-and-fire neuron model, which consists of a soma and two dendritic compartments. The neuron receives an excitatory and an inhibitory input at the locations E and I on the dendrite, respectively (see Fig. 1).

Let us assume that an inhibitory input is on the route from an excitatory input on its way to the soma, i.e., the position I is between E and the soma (Fig. 1 A). This situation was called the "on-path configuration" [35]. The sub-threshold dynamics of this neuron can be written (compare to the equivalent circuit in Fig. 1 B):

$$C_{\mathrm{S}}\frac{dv^{\mathrm{s}}}{dt} = -g^{\mathrm{s}}(v^{\mathrm{s}} - E_{\mathrm{L}}) - g^{\mathrm{IS}}(v^{\mathrm{s}} - v^{\mathrm{I}}) \tag{4}$$

$$C_{\mathrm{D}}\frac{dv^{\mathrm{I}}}{dt}=-g^{\mathrm{D}}(v^{\mathrm{I}}-E_{\mathrm{L}})-g^{\mathrm{SI}}(v^{\mathrm{I}}-v^{\mathrm{S}})-g^{\mathrm{EI}}(v^{\mathrm{I}}-v^{\mathrm{E}})-g^{\mathrm{I}}(v^{\mathrm{I}}-E_{\mathrm{I}}) \qquad (5)$$

$$C_{\mathrm{D}}\frac{dv^{\mathrm{E}}}{dt}=-g^{\mathrm{D}}(v^{\mathrm{E}}-E_{\mathrm{L}})-g^{\mathrm{IE}}(v^{\mathrm{E}}-v^{\mathrm{I}})-g^{\mathrm{E}}(v^{\mathrm{E}}-E_{\mathrm{E}}) \qquad (6)$$

where v^{S}, v^{I}, and v^{E} denote the local membrane potentials at the soma and the dendrite locations I and E, respectively. C_{S} and C_{D} are the membrane capacitances of the soma and the dendrite locations E and I, respectively. E_{L} is the resting potential of the neuron. E_{I} and E_{E} are the reversal potentials of the inhibitory and excitatory currents, respectively. g^{S} and g^{D} are, respectively, the leaky conductances at the soma and the dendrite locations. g^{IS} is the transfer conductance from the dendritic location I to the soma, and g^{SI} the transfer conductance from the soma to the dendritic location I. g^{IE} and g^{EI} are defined accordingly.

The excitatory and inhibitory synaptic conductances, g^{E} and g^{I}, respectively, are describing the opening of corresponding ion channels. If we assume simple exponential activation curves, the dynamics of the synaptic inputs can be written as [36]

$$\tau_{\mathrm{E}}\frac{dg^{\mathrm{E}}}{dt}=-g^{\mathrm{E}}+\tau_{\mathrm{E}}w_{E}\sum_{m}\delta(t-t^{m}) \qquad (7)$$

$$\tau_{\mathrm{I}}\frac{dg^{\mathrm{I}}}{dt}=-g^{\mathrm{I}}+\tau_{\mathrm{I}}w_{I}\sum_{m}\delta(t-t^{m}) \qquad (8)$$

Thus, synaptic conductances are driven by presynaptic spike trains which are expressed as a sum of delta-functions, $\Sigma_{m}\delta\,(t-t^{m})$, with t^{m} denoting the moment of the m-th spike. τ_{E} and τ_{I} are the time constants for the excitatory and inhibitory synaptic conductances, respectively. w_{E} and w_{I} are the corresponding synaptic connection strengths.

Description	Parameter	Value
Somatic reversal potential	E_L	−70mV
Exc. reversal potential	E_E	10mV
Inh. reversal potential	E_I	−80mV
Somatic membrane capacitance	C_S	740pF
Dendritic membrane capacitance	C_D	50pF
Somatic leaky conductance	g^S	30nS
Dendritic leaky conductance	g^D	20nS
Transfer conductance soma to I	g^{SI}	5nS
Transfer conductance I to soma	g^{IS}	αg^{SI}
Transfer conductance soma to E	g^{SE}	10nS
Transfer conductance E to soma	g^{ES}	αg^{SE}
Transfer conductance I to E	g^E	1nS
Transfer conductance E to I	g^{EI}	αg^E
Scaling factor	α	5

Table 1: Parameters of single neurons used in the main text and numerical calculations.

The dynamic of the neuron model of Eqs.(4-6) is difficult to analyze because it involves the dynamics of three membrane voltages. Thus a further simplification is desirable especially when considering the dynamics of a large network of interacting neurons. In the following, we will further simplify the above model by a separation of time-scales approach.

From Eqs.(4-6), we note that the magnitudes of the time constants of the potentials at the soma and the dendrite locations I and E can be roughly estimated to be $\tau_S \approx C_S/(g^S+g^{IS})$, $\tau_{DI} \approx C_D/(g^D+g^{SI}+g^{EI})$ and $\tau_{DE} \approx C_D/(g^D+g^{IE})$. Since the capacitance increases linearly with the surface area of the membrane (see e.g. [36]), the membrane capacitance at the soma is much larger than that at the dendritic locations E and I, i.e. $C_S \gg C_D$. Furthermore, we assume that the leak conductances g^S and g^D are of the same order and larger than the transfer conductances, i.e. $g^S \gg g^{IS}$, $g^D \gg g^{SI}$, and $g^D \gg g^{IE}$. Therefore, we have $\tau_S \gg \tau_{DI}$ and $\tau_S \gg \tau_{DE}$. In fact, using the parameters from Table 1 it is $\tau_{DI} \approx 1.7$ ms, $\tau_{DE} \approx 2.3$ ms, and $\tau_S \approx 13.4$ ms and therefore indeed $\tau_S \gg \tau_{DE} \approx \tau_{DI}$. This implies that the dynamics of v^I and v^E occur much faster than that of v^S. Thus, we can effectively treat v^S as a slow time variable, and v^I, v^E as fast time variables. The dynamics of the somatic potential can then be solved approximately by assuming that v^I and v^E reach their steady values instantly. This is achieved by setting the left-hand sides of Eq. 5 and Eq. 6 to zero and solve for the membrane potentials. We obtain:

$$\bar{v}^I = E_L + \frac{g^{SI}(v^S - E_L) + g^{EI}(\bar{v}^E - E_L) + g^I(E_I - E_L)}{g^D + g^{SI} + g^{EI} + g^I} \qquad (9)$$

$$\bar{v}^E = E_L + \frac{g^{IE}(\bar{v}^I - E_L) + g^E(E_E - E_L)}{g^D + g^{IE} + g^E} \qquad (10)$$

Further, we assume that the input locations, E and I, and the soma are well separated on the dendritic branch (as this is the experimental condition during which [28] obtained their results). Substituting Eq. 9 and Eq. 10 into Eq. 4 , we then get a simplified model for the dynamics of the somatic potential (see Appendix 5.1 for a detailed derivation),

$$\tau_S \frac{dv^S}{dt} = -(v^S - E_L) + f_d(g^E) + f_p(g^I) + \kappa_{on} f_d(g^E) f_p(g^I) \qquad (11)$$

where $\tau_S = C_S / (g^S + g^{IS})$, and

$$f_d(g^E) = \frac{g^{IS} g^{EI} g^E (E_E - E_L)}{(g^S g^D + g^S g^{SI} + g^S g^{EI} + g^D g^{IS} + g^{EI} g^{IS})(g^D + g^E + g^{IE})} \qquad (12)$$

$$f_p(g^I) = \frac{g^{IS} g^I (E_I - E_L)}{(g^S g^D + g^S g^{SI} + g^D g^{IS}) + g^I (g^S + g^{IS}) + g^{EI}(g^S + g^{IS})} \qquad (13)$$

$$\kappa_{on} = \frac{g^S + g^{IS}}{g^{IS}(E_L - E_I)} \qquad (14)$$

To understand the behavior of the new neuron model Eq. 11 , it is instructive to look at the steady state of the somatic potential in response to constant synaptic inputs. The steady state $\bar{v}^S$ is obtained by setting the left-hand side of Eq. 11 to be zero:

$$\bar{v}^S = E_L + f_d(g^E) + f_p(g^I) + \kappa_{on} f_d(g^E) f_p(g^I) \qquad (15)$$

Thus, when no inhibitory input is applied, i.e., $g^I=0$ and $f_p(g^I)=0$, then $v^S-E_L=f_d(g^E)$ is the voltage change at the soma due to the excitatory input g^E. Analogously, if no excitatory input is applied, i.e., $g^E=0$ and $f_d(g^E)=0$, then the voltage change at the soma is given by $v^S-E_L=f_p(g^I)$. Thus, in case of single inputs the multiplicative effects of the dendrite is reduced to an additive form as in the common formulation of an integrate-and-fire model. However, if both excitatory and inhibitory inputs are applied simultaneously, their joint effect on the somatic potential is given by $v^S-E_L=f_d(g^E)+f_d(g^I)+\kappa_{ON}f_d(g^E)f_p(g^I)$, that is a summation of the excitatory and inhibitory contribution when each of them was applied separately, and an additional

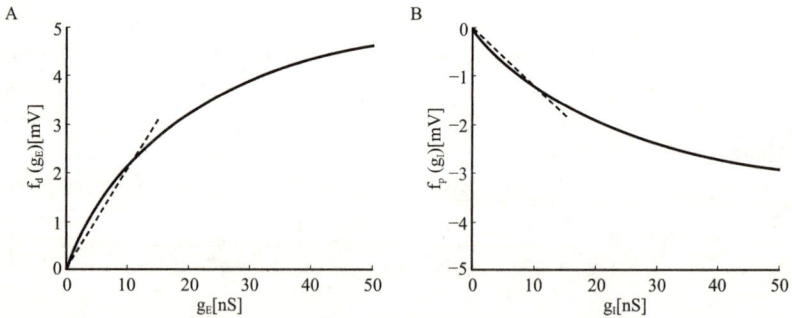

Figure 2: Somatic response functions. A. The function $f_d(g^E)$ of the distal excitatory site. B. The function $f_p(g^I)$ of the proximal inhibitory site. For small values of g^E and g^I, $f_d(g^E)$ and $f_p(g^I)$ can be approximated as linear functions (dotted lines). Parameters as in Table 1.

product of their independent contributions, i.e., $\kappa_{ON} f_d$ (g^E) f_P (g^I). The multiplicative term comes from the nonlinear shunting process, and the coefficient κ_{ON} represents the shunting strength.

The new neuron model Eq. 11 describes the sub-threshold voltage dynamics at the soma if two synaptic sites, excitatory and inhibitory synapses, are arranged in on-path configuration. The summation of excitatory and inhibitory conductances agrees with the form found in a recent experiment ([28]; see also Eq. 1), that is a linear sum of individual excitatory or inhibitory effects, f_d (g^E)+ f_P (g^I), and a multiplicative term involving both, excitatory and inhibitory currents f_d (g^E) $f_P(g^I)$, as well as a shunting strength factor κ_{ON}. The functions f_d (g^E), for the *distal* excitatory synaptic site, and f_P (g^I), for the *proximal* inhibitory synaptic site, correspond to the induced voltage change at the soma for a given conductance input at the respective synaptic sites. If input conductance g^E is small, $g^E << g^D$, then f_d (g^E) is approximately linear (see Fig. 2 A). For larger excitatory inputs, the function saturates to a positive value. Analogously, if the inhibitory conductance g^I is small, $g^I << g^S$, then the function $f_P(g^I)$ is approximately linear (Fig. 2 B), but similarly saturates to a negative value for larger inhibitory inputs.

Note that these functions relating the somatic effect of the synaptic conductances include the transfer conductances from one site to the other. They are thus dependent on the distance between the excitatory and inhibitory site, as well as the distance to the soma. If only passive cable properties are considered, transfer conductances in both directions, e.g. g^{EI} and g^{IE}, would be equal [36]. In practice, however, depolarization of the membrane potential caused by excitatory currents is amplified by the existence of voltage-dependent ion-channels [19, 37]. Thus transfer conductances of excitatory input locations to other parts of the dendrite is increased in comparison to the transfer conductances from inhibitory sites. We thus set $g^{EI} = g^{IE}$, with $\alpha>1$ to reflect this property. Moreover, since in on-path configuration excitatory currents will flow pass the inhibitory location, causing similarly an amplification through active channels, we further set $g^{IS} = \alpha g^{SI}$. Note that the setting of α does not affect our qualitative results but will influence the size of the somatic voltage change in response to synaptic inputs (see below and Fig. 2).

In contrast to the approach of [65], in our neuron model Eq. 11 the shunting strength κ_{ON} is explicitly given in biophysical terms. From Eq. 14 it can be seen that the shunting strength will be particular prominent if the resting potential and the inhibitory reversal potentials are similar $E_L \approx E_I$, in agreement with experimental and early theoretical findings [36, 28]. Note further that κ_{ON} decreases with growing transfer conductance g^{IS}. Thus if location I is set farther away from the soma (while still retaining the on-path configuration), the transfer conductance to the soma g^{IS} will naturally decrease, and therefore the shunting will increase. Thus, κ_{ON} tends to have a larger value if inhibitory inputs are at a distal site of a dendrite in comparison to inputs at a proximal site, agreeing with experimental observations [28]. Moreover, in contrast to earlier two-port analysis [35, 28, 65], our approximation of κ_{ON} does *not* depend on the transfer conductance between E and I, therefore the shunting strength is approximately constant when the excitatory synapse location is increasingly distal but the inhibitory location is fixed. This again agrees well with experimental findings [28].

Taken together, we found that in on-path configuration a single somatic point model can be derived starting from a three-compartment model when assuming that dendritic processing is fast compared to the somatic integration and that locations E and I are well separated. In this case the arithmetic rule Eq. 1 as suggested by [28] is well captured (compare to Eq. 15). We tested the accurateness of the simplifications by comparing the dependence of κ_{ON} on the input conductances. Note that in the simplified model (as in the suggested rule of [28]) κ_{ON} is independent of g^E and g^I. If we instead attempt to compute the shunting strength directly from the full three compartment model by assuming that the arithmetic rule Eq. 1 was correct, we find that $\kappa_{on-full}$ is indeed almost not dependent on the input conductances. In detail, we calculated the steady state somatic voltage of the full three-compartment model, and solve for κ according to the arithmetic rule Eq. 1 . That is, we first subtract both individual excitatory and inhibitory contributions from the steady state voltage (by setting $g^I=0$ or $g^E=0$, respectively) and then divide the result by both individual contributions (compare to Eq. 1) to get the shunting strength (which might in this case still depend on the input conductances g^E and g^I).

As plotted in Fig. 3 A (solid line), the computed $\kappa_{on-full}$ from the full model (using the parameters of Table 1) changed very little for a large range of g^I (or g^E, not shown). This indicates that the suggested arithmetic rule of

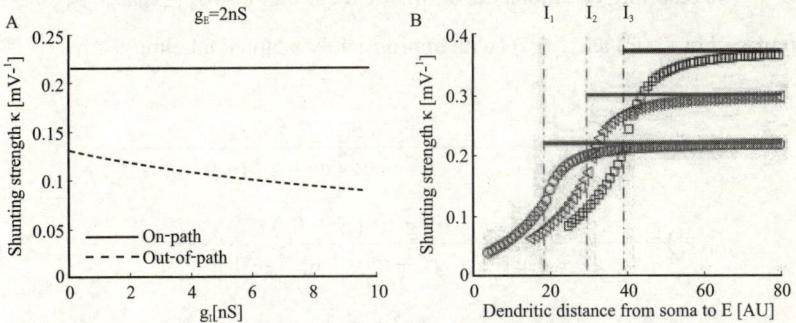

Figure 3: Dependence of shunting strength with input conductances and distance. A: Dependence of the shunting strength with inhibitory input conductance g^I for the full three compartment model in on-path and out-of-path configuration ($g^E=2nS$; dendritic locations (see plot B), on-path: x (I)=18, x (E)=50, out-of-path: x (I)=18, x (I)=15). For out-of-path configuration (dashed line), κ is heavily dependent on g^I. In this case, the arithmetic rule Eq. 1 and the single compartment model are less useful. B: Shunting strength k depends on the spatial arrangement of locations E and I. The plot shows the shunting strength computed with the three-compartment model versus distance of E from the soma (in arbitrary units), while fixing I at three different locations, I_1, I_2, and I_3 (dotted lines). Solid lines show the dependence of κ_{on} of our single compartment model: κ_{ON} is constant (in E) for the on-path configuration (Eq. 14).

[28] (Eq. 1) is applicable and that our single compartment model is a good approximation to the on-path configuration.

In summary, we derived a new formulation of the sub-threshold dynamics of an integrate-and-fire model with integrated dendritic processing. Our model incorporates effects of shunting inhibition of two synaptic inputs with on-path configuration.

2.1.2　Out–of–path configuration

Analogous to the on-path configuration, we can derive a simplified model for the out-of-path configuration, that is, when the excitatory synapse lies on the route of the inhibitory current to the soma. Formally in Eq. 4 - Eq. 6 , excitatory and inhibitory synapses exchange position, but the equations otherwise remain the same (that is all labels E and I have to be interchanged in Eq. 4 - Eq. 6).

The resulting equations are similar, except that now $f_d (g^E)$ and $f_P(g^I)$ are replaced by $f_d (g^I)$ and $f_P(g^E)$ (with appropriately adapted labeling):

$$f_p(g^E) = \frac{g^{ES}g^E(E_E - E_L)}{(g^S g^D + g^S g^{SE} + g^D g^{ES}) + g^E(g^S + g^{ES}) + g^{IE}(g^S + g^{ES})} \quad (16)$$

$$f_d(g^I) = \frac{g^{ES}g^{IE}g^I(E_I - E_L)}{(g^S g^D + g^S g^{SE} + g^S g^{IE} + g^D g^{ES} + g^{IE}g^{ES})(g^D + g^I + g^{EI})} \quad (17)$$

$$\kappa_{out} = \frac{(g^S + g^{ES})}{g^{ES}(E_L - E_E)} \quad (18)$$

To arrive at these equations we used analogous assumptions as in the on-path case. In particular, we assumed that both dendritic locations are well separated. Note, that in out-of-path configuration, the shunting strength is negligible, because the absolute difference of the somatic reversal potential

$(E_L \approx -80$ mV) and the excitatory synaptic reversal potential $(E_E \approx 0$mV) is very large, thus $\kappa_{out} \approx 0$ mV^{-1}. This result agrees well with previous theoretical analysis [35], where it was found that the shunting strength in out-of-path configuration is negligible compared to that in on-path configuration.

In the derivation of the model for the out-of-path configuration we assumed that all synaptic locations are well separated and found that the arithmetic rule Eq. 1 is approximately satisfied. However, note that our approximation is less successful than in on-path configuration. In particular, if compared to the shunting strength derived from the full model in out-of-path configuration (analogous to the calculation of $\kappa_{on-full}$ as described above), we find that $\kappa_{out-full}$ is strongly dependent on the input conductances, specifically on g^I. This dependence is plotted in Fig. 3 A (dashed line).

Taken together, since both, the arithmetic rule Eq. 1 and our single compartment model Eq. 16 , predict a constant shunting strength κ_{out} in respect to the inputs, they are both less valid in out-of-path configuration than in on-path configuration, where $\kappa_{on-full}$ can indeed be regarded as constant.

2.1.3 Shunting strength depends on the distance between the synaptic sites and the soma

Since we derived our single compartment model Eq. 11 starting from a three-compartment model, distance dependence of the shunting strength can be qualitatively assessed by assuming distance dependence transfer conductances, namely g^{EI}, g^{EI}, g^{IS}, and g^{SI}. Biophysically, resistance will grow linearly with increasing length of a passive cable [36], thus we assume that each transfer conductance between two points on the dendrite is reversely linearly dependent on their distance X.

For estimating the distance dependence of the shunting strength κ, we

141

follow the experiments of [28] (their Figure 3), and first fix the inhibitory location I at three positions, I_1, I_2, and I_3, and set g^{SI} to 2.2nS, 3nS and 5nS, respectively. The other transfer conductances are given by their distance dependence, $g_{trf} = g_{max} / (\mu X + 1)$. Here, g_{max} is the conductance when two points are co-localized together ($X=0$), and is much larger than the leaky conductance, we set $g_{max}=300$ nS. The spatial scaling factor μ depends on the electrotonic properties of dendrite[36] and determines the spatial scale, we set arbitrarily $\mu=3$ as it does not change the qualitative picture. Other transfer conductances are set according to the spatial arrangement of the input sites I and E, e.g. for the out-of-path configuration it is $1/g^{SE} + 1/g^{IE} = 1/g^{SI}$. The rest of the parameters are set according to Table 1.

Figure 3B shows the variation of the shunting strength of the full three-compartment model for the on-path configuration (Eq. 4-6) and the out-of-path configuration as a function of the distance of the excitatory site from the soma. Note that when varying this distance, the model switches from out-of-path to on-path configuration at the site of the inhibitory input (marked with dashed-dotted lines in Fig. 3 B). We found that the shunting strength increases sharply for out-of-path configurations the nearer the excitatory and inhibitory sites are, whereas the shunting strength remains approximately constant for the on-path configuration. This distance dependence of our three compartment model reproduces the experimental findings as well as complex model simulations using dendrites having 200 compartments [28]. Our single compartment model assumed that inhibitory and excitatory sites are well separated and thus approximates the full model in the asymptotic regime (solid lines in Fig. 3 B).

2.2 Neuron having multiple dendrites

Up to now, we analyzed the shunting contributions to a neuron receiving only two inputs, one excitatory and one inhibitory synapse. However, in real situations as well as in neural network models, a neuron will typically receive hundreds to thousands of input synapses. To investigate the effect of multiple input synapses, we here analyze three possible configurations of synapses on dendritic branches exemplifying potential excitatory and inhibitory interaction patterns (see Fig. 4).

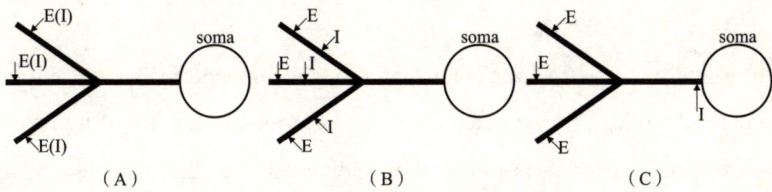

Figure 4: Three different spatial configurations of multiple synaptic sites on the dendrite. A: Individual excitatory and inhibitory inputs are distributed on individual dendritic branches. B: Pairs of excitatory and inhibitory inputs are located on individual dendritic branches. C: Global shunting: the inhibitory input is on the path of all excitatory currents to the soma.

2.2.1   Single synapses on individual dendritic branches

In the first configuration, individual excitatory or inhibitory inputs are scattered on different dendritic branches (as illustrates in Fig. 4 A). In this case, the synapses are physically separated on parallel branches and thus shunting interaction between excitatory and inhibitory currents can be ignored. As shown in the Methods 5.2.1, the simplified model for the somatic potential v^s is given by

$$\tau_s \frac{dv^s}{dt} = -(v^s - E_L) + \sum_i f_N(g_i^T) \qquad (19)$$

where g_i^T denotes the corresponding synaptic input conductance of the i th synapse and T is a reminder of the type of the i th synapse, either inhibitory or excitatory. The time constant of the somatic voltage is given by $\tau_s = C_s/(g^s + Ng^{TS})$, where g^{TS} denotes the transfer conductance from an input site to the soma. We assume that the transfer conductances from synaptic sites to the soma are equal for all N dendritic branches. The function relating the synaptic conductances to the somatic voltage change is given by

$$f_N(g_i^T) = \frac{g^{TS}g_i^T(E_i^T - E_L)}{(g^s + Ng^{TS})(g^D + g_i^T)} \tag{20}$$

where g_i^T is the synaptic conductance on the i th dendritic branch and E_i^T the corresponding reversal potential. Thus, according to Eq. 19 , if inhibitory and excitatory synapses are located on individual branches, their individual somatic contributions can simply be added.

2.2.2　On-path configuration on each dendritic branch

In the second configuration (Fig. 4 B), each dendritic branch has a pair of excitatory and inhibitory synapses in on-path configuration. In this case, the simplified model can be written as (see Appendix 5.2.2)

$$\tau_s\frac{dv^s}{dt} = -(v^s - E_L) + \sum_i\left[f_{Nd}(g_i^E) + f_{Np}(g_i^I) + \kappa_{N-on}f_{Nd}(g_i^E)f_{Np}(g_i^I)\right] \tag{21}$$

where $\tau_s=C_S/(g^s+Ng^{IS})$, and

$$f_{Nd}(g_i^E) = \frac{g^{IS}g^{EI}g_i^E(E_E - E_L)}{g^D(g^D + g_i^E)(g^s + Ng^{IS})} \tag{22}$$

$$f_{Np}(g_i^I) = \frac{g^{IS}g_i^I(E_I - E_L)}{(g^s + Ng^{IS})(g^D + g_i^I + g^{IE})} \tag{23}$$

$$\kappa_{N-on} = \frac{g^s + Ng^{IS}}{g^{IS}(E_L - E_I)} \tag{24}$$

Note that in this configuration, individual shunting components of each branch can be simply added together.

2.2.3 Global shunting

In the third configuration, only excitatory synapses are distributed on dendritic branches and a single inhibitory synapse is located in the peri-somatic region (see Fig. 4 C). In this configuration, the single inhibitory input might shunt all incoming excitatory currents, and we therefore call it *global shunting*. For simplicity, we assume that the inhibitory synapse is located very close to the soma, so that the inhibitory compartment can be identified with the somatic compartment. This targeting of the perisomatic region can be commonly observed for certain types of basket-cells [44]. In this case, the following single compartment model can be derived (see Appendix 5.2.3 for details)

$$\tau_{\rm S}\frac{dv^{\rm S}}{dt} = -(v^{\rm S} - E_{\rm L}) + \sum_i f_{Gd}(g_i^{\rm E}) + f_{Gp}(g^{\rm I}) + \kappa_{\rm G} f_{Gp}(g^{\rm I})\sum_i f_{Gd}(g_i^{\rm E}) \qquad (25)$$

were $\tau_{\rm S} \approx C_{\rm S}/g^{\rm S}$ and

$$f_{Gp}(g^{\rm I}) = \frac{g^{\rm I}(E_{\rm I} - E_{\rm L})}{g^{\rm S} + g^{\rm I} + Ng^{\rm ES}} \qquad (26)$$

$$f_{Gd}(g_i^{\rm E}) = \frac{g^{\rm ES}g_i^{\rm E}(E_{\rm E} - E_{\rm L})}{(g^{\rm D} + g_i^{\rm E})(g^{\rm S} + Ng^{\rm ES})} \qquad (27)$$

$$\kappa_{\rm G} = \frac{1}{E_{\rm L} - E_{\rm I}} \qquad (28)$$

Thus, the general multiplicative form of the shunting effect remains the same as in the on-path configuration of our initial model (Eq. 11), but with the difference that now multiple excitatory inputs are first added together

145

before being multiplied by the inhibitory component. Note that if more than one inhibitory input is considered (all similarly targeting the peri-somatic region), all contributions can be simply added up. That is g^I in Eq. 25 can then be replaced by a sum of all inhibitory inputs, $\sum_j g_j^I$.

3   Network dynamics with global shunting inhibition

In the above we have developed simple models describing the sub-threshold dynamics of point-neurons while integrating nonlinear dendritic processing. These simplified single-compartment models are valuable for us to analyze the effect of shunting inhibition on the dynamics of large-size networks. In the below, we present two examples.

3.1   Persistent activity by shunting inhibition

We first show by using our simplified neuron model that shunting inhibition might lead to persistent activity in spiking neuron networks as has been suggested previously for a different type of dendritic nonlinearity [2].

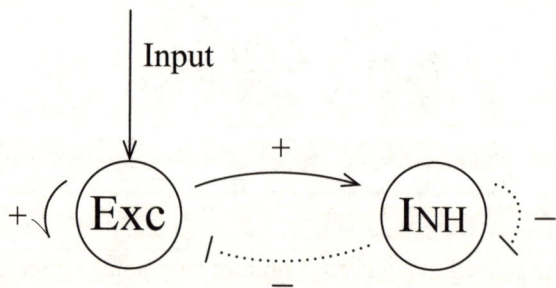

Figure 5: A network model for generating persistent activity. Neurons in excitatory (Exc.) and inhibitory (Inh.) groups are mutually connected in random and sparse fashion. Inhibitory effect are governed by a (peri-somatic) global shunting inhibition.

Our network structure of mutually interconnected groups of inhibitory and excitatory neurons (as illustrated in Fig. 5) follows a common excitation-inhibition-type network layout [59, 13].

In detail, we built a network model of mutually connected N^E excitatory and N^I inhibitory neurons, with $N^E = 4N^I$. Each neuron is sparsely connected to others with a small probability $p=0.1$. For simplicity, the connection strengths between neurons are constants, with w_E and w_I denoting the excitatory and inhibitory strengths, respectively. We assume that each neuron in the circuit has pN^E branches, one for each excitatory input. All inhibitory inputs target the per-somatic region. In our model, both, excitatory and inhibitory neurons, are governed by nonlinear dendritic processing and thus include shunting inhibition. Transfer conductances are assumed identical for each branch (for detailed parameters settings, see Fig. 6).

According to Eq. 25 , the dynamics of the i th neuron in the network is

$$\tau_s^T \frac{dv_i^T}{dt} = -(v_i^T - E_L) + J_i^T + \gamma \xi_i \tag{29}$$

$$J_i^T = \sum_{j=1}^{pN^E} f_{Gd}(g_{ij}^E + g^{ext}) + f_{Gp}(\sum_{j=1}^{pN^I} g_{ij}^I) + \kappa_G f_{Gp}(\sum_{j=1}^{pN^I} g_{ij}^I) \sum_{j=1}^{pN^E} f_{Gd}(g_{ij}^E + g^{ext}) \tag{30}$$

Here, the superscript T can either be $T=E$ or I and denoted the type of the i th neuron. J_i^T represents the total synaptic input received by the neuron, which consists of excitatory, inhibitory and shunting components. τ_s^T, $T=E$ or I, are the somatic time constants of excitatory or inhibitory neurons, receptively, depending on the corresponding capacitance; we set $C_s^E = 740$ pF and $C_s^I = 370$ pF. To model background noise, we include a Gaussian noise term of zero mean and variance δ^2. g^{ext} refers to a small external input.

We further assume that a neuron fires a spike if its membrane potential reaches a threshold of $E_{thres} = -50$ mV. After a spike the membrane potential instantaneously is reset to E_{reset}=−70 mV. The dynamics of the excitatory and inhibitory synaptic conductance are given by Eq. 7 and Eq. 8 , respectively. We adjust the time constant of excitatory conductance to τ_E=100 ms to account for the prominent role of slow NMDA conductances in the generation of persistent activity [58, 60]. Inhibitory conductance time scale is set to τ_I=10 ms.

When parameters are chosen properly, we found that the network can retain sustained activity at a low firing rate even after an external stimulus is removed. An example of the network activity during persistent activity is shown in Fig. 6 A. Note that after a brief input (in the range 50−250 ms) the population firing rate remains high and does not return to the spontaneous activity level (which is induced by the noise term in the region 0−50 ms). Remarkably, the average population firing rate of the network does not reach very high firing rate but instead continuous to fire with a relatively modest rate of around 15 Hz for our parameter setting. An increase in the excitatory synaptic weight w_E causes the firing level to gradually increase (from 13 Hz to 18 Hz in our example, see Fig. 6 B).

3.1.1 Theoretical analysis of the persistent activity induced by global shunting inhibition

An intuitive picture for the underlying mechanism of the persistent activity induced by nonlinear dendritic processing is as follows. When the firing rates of excitatory neurons are small, the self-excitation of excitatory neurons dominates and the firing rates of all neurons increase; however, with the excitation increasing further, the effect of shunting inhibition starts to grow dramatically in a nonlinear manner due to its multiplicative dependence on the excitatory current. In case of persistent activity these two opposite effects are approximately balanced, so that neurons fire persistently at relatively low values without the need of external inputs.

To further elucidate these ideas, we carry out mean-field approximation by considering the average synaptic inputs to the excitatory and inhibitory populations, and approximate the network dynamics. The mean field approach has previously been used to analyze the dynamical processes of neural networks with integrate-and-fire neurons [5, 4, 12, 52, 60]. Basically, as the network is composed of identical neurons, the synaptic input to each neuron in the network can be treated as a Gaussian random process. Thus we can use a single variable to represent population firing rates; let r_E and r_I denote the firing rates of excitatory and inhibitory neural populations, respectively. The population firing rates depend on synaptic currents, which in turn depends on firing rates. Thus, the population firing rate of a steady state can be determined by assuming self-consistency. In the analysis, we only consider the mean synaptic inputs to a neuron and neglect the input variance as it is of no importance in our setting [60].

From Eq. 7 and Eq. 8 we find the dynamics of the excitatory and inhibitory synaptic conductances in the rate limit as

$$\tau_E \frac{d\tilde{g}_E}{dt} = -\tilde{g}_E + w_E \tau_E r_E \qquad (31)$$

$$\tau_I \frac{d\tilde{g}_I}{dt} = -\tilde{g}_I + w_I \tau_I r_I \qquad (32)$$

If one then approximates the nonlinear spiking mechanism by a threshold linear function (see e.g. [46]), $r^T = \mu^T [J^T - \beta]_+$, with either $T=E$ or $T=I$, we find from Eq. 30

$$r_E = \mu_E [J^E - \beta]_+ \qquad (33)$$

$$r_I = \frac{\mu_I}{\mu_E} r_E \tag{34}$$

If one now uses linear functions to approximate f_{Gd} and f_{Gp} in the range of their average inputs according to Eq. 30 one can straightforwardly solve for the population firing rate (see Methods 5.3.1). In our simulations, the mean-field approximation matched the simulation quite well (see Fig. 6 B, dashed line).

Finally, the stability of the fixed-point of the population firing rate can be analyzed (see Appendix 5.3.2). It turns out that both eigenvalues are negative in our parameter settings, indicating stability. Moreover, the shunting strength κ_G has an stabilizing effect: with increasing κ_G, eigenvalues will be decreased further. In summary, we confirm that our form of global shunting inhibition can cause spiking network models to exhibit persistent firing activity in a low rate regime.

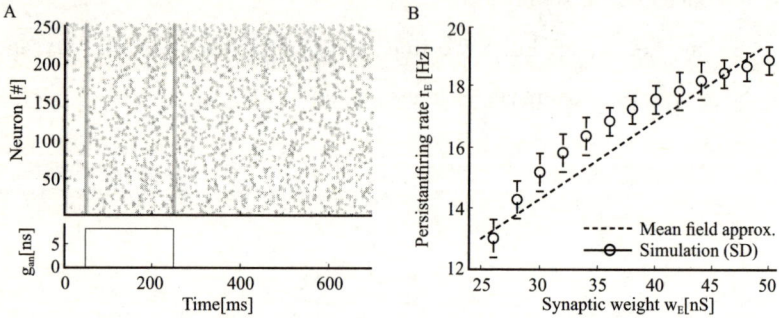

Figure 6: Network showing persistent activity by shunting inhibition. A. Raster plot of the spiking activity of a selection of 250 neurons from the network. The y-axis plots the neuron index, where neurons 1–200 are excitatory (black color), and 201–250 are inhibitory (red color). After removal of the input (at $t=250ms$), the network retains persistent firing. The two vertical lines denote the onset and offset time of the external input, respectively (see margin plot below). The firing rates during persistent activity are $r_E=12.6Hz$, and $r_I=24.8Hz$ (obtained by averaging the neural population over the time interval 400ms-500ms). The synaptic weights are set to $w_E=24nS$ and $w_I=2nS$. B. The population-averaged firing rates of excitatory neurons vs. the excitatory connection strength w_E. Simulation results averaged over 10 trials (circles; error bars indicate standard deviations) and the mean-field approximation (dashed line; Eq. ??). Single neuron parameter as in Table 1. Other parameters: $N^E=2000$, $N^I=500$, $p=0.1$, $C_s^E=740$pF, $C_s^I=370$ pF, $\tau_E=100ms$, $\tau_I=10ms$, $\mu_E=3.2$, $\mu_I=6.4$, $\beta=17.5$, $a=0.002$, $b=0.175$, $c=-0.113$, and $d=-0.6218$.

3.2 Divisive normalization by shunting inihibition

Secondly, we construct a network model showing that shunting inhibition could be well approximated as an operation of divisive normalization in the network dynamics. The network consists of N^E excitatory neurons and N^I inhibitory neurons. We assume that each neuron in the network has $N=N^E$ dendritic branches. Excitatory neurons are connected with each other, with synaptic inputs distributed across all dendritic branches. Besides excitatory inputs, each excitatory neuron receives inputs from all inhibitory neurons. Inhibitory synapses are located at the peri-somatic region of the excitatory neuron. In turn, all excitatory neurons are connected to a group of N^I inhibitory neurons. There is no interaction between inhibitory neurons. The network structure is illustrated in Fig. 7 .

With these assumptions, the firing threshold and the dynamics of excitatory and inhibitory neurons are given by

$$\tau_S^E \frac{dv_\theta^E}{dt} = -(v_\theta^E - E_L) + J_\theta^E + \gamma\xi \qquad (35)$$

$$J_\theta^E = Nf_{Gd}(\sum_{\theta'} g_{\theta\theta'}^E) + f_{Gp}(N^I g_\theta^{EI}) \qquad (36)$$

$$+\kappa_G Nf_{Gp}(N^I g_\theta^{EI}) f_{Gd}(\sum_{\theta'} g_{\theta\theta'}^E)$$

$$\tau_S^I \frac{dv^I}{dt} = -(v^I - E_L) + J^I + \gamma\xi \qquad (37)$$

$$J^I = Nf_{Gd}(\sum_\theta g_\theta^{IE}) \qquad (38)$$

Here, we use superscripts E or I to denote the neuron type. Each excitatory neuron has a preferred stimulus θ, and the preferred stimuli are uniformly distributed in the range $(-\pi, \pi]$. J_θ^E represents the total synaptic input received by an excitatory neuron with the preferred stimulus θ, which consists of excitatory, inhibitory and shunting components. $g_{\theta\theta'}^{E}$ denotes excitatory synaptic conductance from a neuron with the preferred stimulus θ' to a neuron with the preferred stimulus θ within a dendritic branch, g^{EI} and g_{θ}^{IE} denote the inhibitory and excitatory synaptic conductances received by excitatory and inhibitory neuron, respectively. The dynamics of synaptic conductances are given by

$$\tau_{E}\frac{dg_{\theta\theta'}^{E}}{dt} = -g^{E} + \tau_{E}w_{\theta\theta'}^{E}\sum_{m}\delta(t-t^{m}) \tag{39}$$

$$\tau_{I}\frac{dg^{EI}}{dt} = -g^{EI} + \tau_{I}w^{EI}\sum_{m}\delta(t-t^{m}) \tag{40}$$

$$\tau_{E}\frac{dg_{\theta}^{IE}}{dt} = -g_{\theta}^{IE} + \tau_{E}w^{IE}\sum_{m}\delta(t-t^{m}) \tag{41}$$

The synaptic conductances are driven by presynaptic spike trains which are expressed as a sum of delta-functions, $\sum_{m}\delta(t-t^{m})$, with t^{m} denoting the time of the m th spike. τ_{E} and τ_{I} are time constants for the excitatory and inhibitory synaptic conductances, respectively. w^{EI} (w^{IE}) is the synaptic connection strength from inhibitory (excitatory) neurons to excitatory (inhibitory) neurons, which is set to be a constant value. The connection strength between two excitatory neurons is defined as

$$w_{\theta\theta'}^{E} = \frac{J_{0}}{\sqrt{2\pi\sigma^{2}}}\exp\left[-\frac{(\theta-\theta')^{2}}{2\sigma^{2}}\right] \tag{42}$$

where J_{0} is a constant and the Gaussian width σ controls the range of neuronal interactions. The connection strength is a Gaussian function of only the difference between preferred stimuli ($\theta-\theta'$) of two neurons. Thus the system is translationally invariant.

The above network model is called continuous attractor neural networks (CANNs) [3]. A CANN can hold a continuous family of localized stationary states, called bumps. These bump states form a subspace in which the neural system is neutrally stable. This stability provides the neural system the capacity to track time-varying stimuli in real time. CANNs have been successfully applied to describe the encoding of orientation, moving direction, head direction and spatial locations of objects in neural systems [7, 64, 53, 24]. To stabilize an active bump state, the network needs to have properly balanced excitatory and inhibitory interactions. In the rate-based CANNs used in the literature, two different inhibitory mechanisms are often applied. A typical assumption is a Mexican-hat type neuronal interaction, where negative parts correspond to inhibitory interaction [7, 64, 53]. Alternatively, one assumes a divisive normalization operation, where the network output is divided by the total activity of excitatory neurons [22, 61]. Here, we demonstrate that global shunting inhibition can effectively generate the divisive normalization operation.

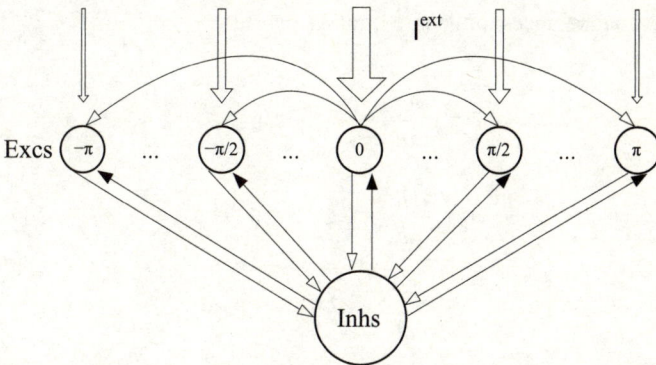

Figure 7: Network structure of the spiking continuous attractor neural network. Excitatory neurons are mutually connected with connection strength determined by Eq. 42 . Inhibitory neurons are driven by excitatory neurons and send feedback inhibition to excitatory neurons through global shunting inhibition.

To model background noise, we include a Gaussian noise term of zero mean and variance γ^2. If the parameters are properly configured, the network exhibits bumped persistent firing activity even after external inputs are removed. Fig. 8 (dashed line) shows an example simulation, in which the neuronal firing shows a bump shape. This stabilized activity is largely due to a balance between recurrent excitation and shunting inhibition, which is squarely dependent on excitatory and inhibitory neuronal firing rates. Note that shunting inhibition could stabilize network activity at low firing rates (peak firing rate around 20Hz), which is biologically reasonable.

In the following, we use mean field approximation to solve the network dynamics. We use a variable r_θ^E to denote the firing rate of excitatory neuron with a preferred stimulus θ, and r^I representing the firing rate of inhibitory neurons. The firing rate depends on synaptic inputs, which in turn depends on firing rates. Therefore, the neuronal firing rate can be determined self-consistently. In the analysis, we only consider the mean of synaptic inputs and neglect variance of synaptic inputs [60].

From Eqs. 39-41, we consider the dynamics of excitatory and inhibitory synaptic conductances in the rate limit as

$$\tau_E \frac{d\tilde{g}_{\theta\theta'}^E}{dt} = -\tilde{g}^E + \tau_E w_{\theta\theta'}^E r_\theta^E \qquad (43)$$

$$\tau_I \frac{d\tilde{g}^{EI}}{dt} = -\tilde{g}^{EI} + \tau_I w^{EI} r^I \qquad (44)$$

$$\tau_E \frac{d\tilde{g}^{IE}}{dt} = -\tilde{g}^{IE} + \tau_E w^{IE} r_\theta^E \qquad (45)$$

We further assume that the neuronal firing rate is a linear threshold function in respect to synaptic inputs, which is given by

$$r_\theta^E = \mu_E[J_\theta^E - \beta]^+ \qquad\qquad (46)$$

$$r^I = \mu_I[J^I - \beta]^+ \qquad\qquad (47)$$

Combining Eqs. 43-47 with Eq. 36 and Eq. 38 , we can solve the equations self-consistently. Fig. 8 (solid line) shows the result of mean-field approximation, which agrees well with the network simulation.

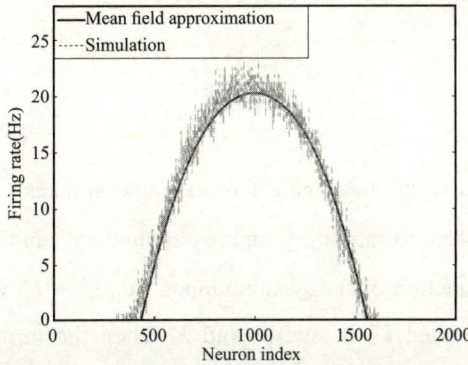

Figure 8: Network structure of spiking continuous attractor neural network. Parameters: J_0=0.1, σ=1, w^{IE}=0.02nS, w^{EI}=0.04nS, τ_E=100mS, τ_I=10mS, N^E=2000, N^I=500, γ=10, μ^E=3.2, μ^I=6.4, β=17.5. The firing rate for a neuron is calculated over a time window of 1.6s.

3.2.1 Simplified rate-based CANNs

Although the dynamics of the above spiking-based network model can be described by the mean field approach, it is hard to analyze its behaviors in response to external stimulus. Below, we develop a simple analytically solvable rate-based CANN model.

We consider the dynamics of the synaptic input received by an excitatory neuron. Denote $U_\theta = Nf_{Gd}(\sum_\theta g_{\theta\theta'}^E)$ the total excitatory synaptic input received by the excitatory neuron having the preferred stimulus θ. Since in a persistent activity state $g_{\theta\theta'}^E$ is small (the neuronal persistent firing is in a low firing rate state), $Nf_{Gd}(\sum_{\theta} g_{\theta\theta'}^E)$ can be well approximated as a linear function, i.e., $Nf_{Gd}(\sum_{\theta} g_{\theta\theta'}^E) \approx C_1 \sum_{\theta} g_{\theta\theta'}^E$ (here C_1 is a fitting parameter). According to Eq. 43, we have

$$\tau_E \frac{dU_\theta}{dt} = -U_\theta + C_1 \tau_E \sum_{\theta'} w_{\theta,\theta'}^E r_{\theta'}^E \qquad (48)$$

We further assume that the firing rate of an excitatory neuron has the following relationship with its synaptic input,

$$r_\theta^E = \frac{C_2 U_\theta^2}{1 + C_3 \sum_{\theta'} U_{\theta'}^2} \qquad (49)$$

where C_2 and C_3 are constants. This assumption takes into account two properties: 1) when no inhibitory input is applied, r_θ^E can be approximated as a quadratic function of the synaptic input, i.e., $r_\theta^E \sim U_\theta^2$, which is a good approximation when U_θ is small[*], and 2) when the inhibitory input is included, the global shunting inhibition can be effectively modeled as an operation of divisive normalization with the normalization factor determined by the total activity of the excitatory neurons. This is because $g_\theta^{IE} \sim r_\theta^E$, thus $r^I \sim \sum_{\theta} r_\theta^E$, and $g^{EI} \sim r^I$, and consequently $f_{Gp}(g^{EI}) \sim \sum_{\theta} r_\theta^E$. Furthermore, note that $x - xy \approx x/(1+y)$ for y is small.

When the number of neurons is sufficiently large, in the continuum limit, the above equations can be written as

$$\tau_E \frac{dU_\theta}{dt} = -U_\theta + \rho C_1 \tau_E \int_{\theta'} w_{\theta,\theta'}^E r_{\theta'}^E d\theta' \qquad (50)$$

---

[*] When the synaptic input g^E is small, the firing rate of a neuron can be approximated either as a linear threshold function (see Eq. 46) or a quadratic function of g^E.

$$r_\theta^E = \frac{C_2 U_\theta^2}{1 + C_3 \rho \int_{\theta'} U_{\theta'}^2 d\theta'} \tag{51}$$

where $\rho = N^E / (2\pi)$ represents the neuronal density in the range $(-\pi, \pi]$.

Consider that the neuronal interaction width σ is sufficiently small, then the bump width will also be very small. In this case, we can effectively take the stimulus value to be in the range of $(-\infty, \infty)$, and the solution of the above equations can be analytically solved, and given by [62]

$$\tilde{U}_\theta = U_0 \exp\left[-\frac{(\theta - z)^2}{4a^2} \right] \tag{52}$$

$$\tilde{r}_\theta = r_0 \exp\left[-\frac{(\theta - z)^2}{2a^2} \right] \tag{53}$$

where $U_0 = [1 + (1 - C_3 / k_c)^{1/2}] C_2 \tau_E J_0 / (4\sqrt{\pi} \sigma C_3)$, $r_0 = [1 + (1 - C_3 / k_c)^{1/2}] / (2\sqrt{2\pi} \sigma C_3 \rho)$, and $k_c = (C_2 \tau_E J_0)^2 / (8\sqrt{2\pi} \sigma)$. The peak position of a bump z is a free parameter, indicating that the network holds a continuous family of bump states. The bump solution is stable for $0 < C_3 < k_c$.

Fig. 9 compares the solution of the simplified CANN model with the

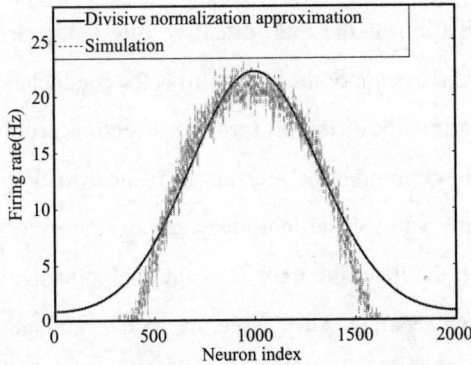

Figure 9: Network structure of spiking continuous attractor neural network. Paramters: $C_1 = 0.855$, $C_2 = 0.0303$, $C_3 = 1.0e{-6}$.

simulation result. Although there are discrepancies at low firing rates, the simplified model captures the bump shape of the stationary state of the network.

4　Conculsions and Discussions

In the present study, we have presented a new derivation of a "dendritic-integrate-and-fire" single compartment neuron model. We show that the model captures well the nonlinear integration of excitatory and inhibitory inputs at the soma with an arithmetic rule, where the shunting effect is expressed as a product between the contributions of excitatory and inhibitory inputs, as was suggested by recent experimental finding [28]. We start the derivation from a biophysical description of a three-compartment model, which allows for a biophysical interpretation of the equations. We find that the dependence of the shunting strength on the distance of the synaptic locations is well captured with the three-compartment model. In particular, in on-path configuration, the shunting strength decreases with the distance of the inhibitory site from the soma and stays constant with the distance of the excitatory site to the soma, agreeing with the experimental finding [28].

In our derivation of the multiplicative rule of dendritic integration, we made two main assumptions: (1) the transfer conductances between the dendritic compartments in the antidromic direction are negligible small and (2) dendritic computations are fast in respect to the soma. The first assumption is only valid if the inhibitory and excitatory compartments are well separated on the dendritic tree. Thus the multiplicative rule refers only to the limit of well separated sites. Note that in the simulation Fig. 3 B, the shunting strength is not constant for nearby input sites and the multiplicative rule is not applicable. Moreover, because of the depolarization for excitatory inputs, active channels increase the antidromic transfer to the inhibitory site in out-of-path configuration (which we modeled with the parameter α). Thus in comparison to on-path configuration, assumption (1) is less valid in out-of-path configuration (as illustrated in Fig. 3 A). Thus we conclude that the multiplicative rule can be mainly applied in the on-path configuration for well separated input sites.

We further assumed that time scales of dendritic and somatic processing are separated, which is a good approximation because the large area of the soma in comparison to dendritic compartments. Whether the leak conductances per area of the somatic and dendritic compartments are on the same order or somewhat higher in the dendrite (as suggested experimentally [26, 48, 49]) is of no consequence to our analysis because the much larger membrane area of the soma will still ensure that the total leak is larger than in dendritic compartments. For our parameter setting, the time constant for the somatic membrane voltage is about 10 times slower than that of the dendritic compartments. Thus one can indeed assume that dendritic compartments instantly relax to steady state. Note that our assumption does not mean that the dynamics of synaptic conductances has to be fast. The dynamics of the synaptic input conductances were in fact not approximated and are still governed by their original form (Eq. 7 and Eq. 8). Thus our model can accommodate both, fast and slow ion-channels, such as AMPA and NMDA, respectively.

In a further analysis, we found that the arithmetic rule does much better apply to the on-path configuration than to the out-of-path configuration. In fact, in the latter case the shunting strength itself is dependent on the size of the inhibitory input and thus the arithmetic rule is only partly valid. This is admitted, but not further analyzed, also in the experimental study [28] where the authors state that the rule is valid only up to a certain range of input conductances.

Since our general aim was to derive a simple neuron model based on biophysical properties to be used for investigating the effects of shunting inhibition on network dynamics, we included active properties only as a multiplicative factor for certain transfer conductances to arrive at simple models. To model additional effects of active channels on shunting inhibition the voltage dependent dynamics of conductances have to be incorporated has been attempted in a recent study [33] suggesting that information processing capabilities of dendritic integration might be even richer than thought previously for passive dendrites [56].

4.1　Persistent activity

One aim of this study was to derive a simple model for analysis of network effects of nonlinear dendritic processing. As an example of this approach, we investigated a simple network consisting of mutual connected groups of inhibitory and excitatory neurons and show that global shunting inhibition can naturally induce persistent activity.

Neuronal persistent firing has been widely observed in neural systems and is believed to play important roles in cognitive functions. For instance, persistent activity might hold information of a memory trace thereby storing information about recent inputs [57, 42]. It has been observed that during persistent activity, neurons fire irregularly at low rates, typically less than 100 Hz [27]. From a dynamical systems point of view, to maintain self-sustained activity in a network, it needs, on one hand, strong excitatory interactions between neurons to retain the excitation, and, on the other hand, inhibitory interactions to avoid the divergence of neuronal responses. In a firing-rate based network model, one often assumes a sigmoidal input-output (IO) function to avoid the explosion of the network activity (e.g. [30]). In a network model of spiking neurons, the saturation of synaptic current mediated by NMDA receptor is often assumed to account for bounded neuronal responses [58]. Although these models are capable of sustained activity, it seems energetically unlikely that the nervous system maintains activity in a regime where the saturation of neural properties is essential. Thus it is probably that other nonlinear mechanisms ensure that run-away excitation does not occur.

In an earlier study, it was shown that a nonlinear form of dendritic processing is indeed enough to generate persistent firing [2]. Similar to our findings, the author accounted for nonlinear dendritic processing in a network model and analyzed the resulting dynamics with a mean-field approach, concluding that persistent activity can occur in the low firing regime. The difference to our analysis is that the author starts from an even more biophysical detailed view (from the full cable equation) resulting in more detailed equations. The derivation thus does not yield the intuitive picture of a multiplicative rule weighted with a shunting strength parameter κ, as suggested experimentally. We here focused on the biophysically meaning of this rule and thus provided a different derivation starting from a 3 compartment model and investigated its validity for different input configurations. The advantage of this rule (in contrast to equations suggested by [2]) is that two different nonlinear effects of dendritic processing are clearly separated: First, the nonlinear somatic response functions (see Fig. 2), which comprise nonlinear effects related to the leaky signal transduction of dendrites. Second, the multiplicative term of excitatory and inhibitory currents describing the shunting inhibition. By explicit weighting of the multiplicative term by a shunting strength κ both nonlinearities can be individually analyzed.

We show that the multiplicative nonlinearity of the shunting inhibition is needed to generate sustained activity without saturation. Note that the persistent activity found in our network does not rely on the nonlinear form of the functions relating the input conductances to the somatic voltage change Fig. 2 , because further analysis shows that this saturation occurs at a firing rate much larger than 100 Hz and hence is not relevant (not shown).

In our formulation we used a factor α to effectively incorporate active channels. For global shunting, α mainly regulates the slope of the inhibitory somatic response equation Eq. 26 through the transfer conductance g^{ES}, while the total excitatory response (summed over all N dendritic branches) is approximately independent of g^{ES} (see Eq.27 and Eq. 25). Although synaptic weights may need to be adjusted for a given persistent firing rate when α is varied, the qualitative picture of the network dynamics does not change.

Besides generating a sustained population activity of low firing rate, activity levels could also gradually adjusted by changing excitatory synaptic weights. Note that this graded change of activity level is not directly related to the "graded persistent activity" as found e.g. in the entorhinal cortex [23]. In the latter case, persistent activity level is changed by the amount of input given during a brief period. The underlying mechanism remains largely unknown [11]. In contrast, in our case firing rate levels are adjusted by changing the recurrent synaptic weights.

This property of gradual adjustment of firing rates by varying the excitatory weight is induced by the strong multiplicative nonlinearity during shunting. Note that the inhibitory effect mediated through shunting inhibition is multiplicative in both the excitatory and inhibitory rates. This square dependence induces a strong and robust change in the activity level when the synaptic weight is varied. On the other hand, if persistent activity is induced by a saturation of the firing rate IO-function, a change of the synaptic weight will have very little effect because the IO-function will be flat in the saturation limit.

4.2 Divisive normalization

By constructing a structured network with global shunting inhibition, we show that shunting inhibition could be well approximated as an operation of divisive normalization in the stationary state of network dynamics.

Divisive normalization has been successfully used to model the effect of inhibitory interactions [15, 14, 9, 47]. For example, it has been found that in the drosophila olfactory system, the projection neuron's firing rate to its presynaptic olfactory receptor neuron's input could be divisively normalized by the activities of other olfactory receptor neurons [47]. Due to its wide applicability, many studies tried to explore its computational roles in neural information processing. It is found that divisive normalization is effective in reducing information redundancy of natural signals [54, 40, 41], and is beneficial for achieving concentration invariant odor recognition and discrimination [39, 47].

Despite of its success in modeling neurophysiological data and the importance in neural information processing, the underlying biophysical mechanism and the neural circuit responsible for divisive normalization remains largely unknown. It has been widely suggested that shunting inhibition could implement divisive normalization [17], but a formal proof linking shunting inhibition to divisive normalization is lacking.

Based on the developed simplified neuron model, we test whether shunting inhibition could achieve divisive normalization in neural network dynamics, as has been proposed by many studies [16, 15, 18]. We use CANNs as a working model to investigate the relationship between shunting inhibition and divisive normalization. Our results show that shunting inhibition can indeed achieve divisive normalization effectively.

5 Appendix

5.1 The simplified neuron model

We consider first there is only excitatory synaptic input. By setting $g^I=0$ in Eq. 5, we have

$$v^I - E_L = \frac{g^{SI}(v^S - E_L) + g^{EI}(v^E - E_L)}{g^D + g^{SI} + g^{EI}} \qquad (54)$$

Substituting Eq. 6 into Eq. 54, we obtain

$$v^I - E_L = \frac{g^{SI}(v^S - E_L)}{g^D + g^{SI} + g^{EI}} + \frac{g^{EI}}{g^D + g^{SI} + g^{EI}} \frac{g^{IE}(v^I - E_L) + g^E(E_E - E_L)}{g^D + g^E + g^{IE}} \qquad (55)$$

Re-organizing the above equation, we get

$$\left[1 - \frac{g^{IE} g^{EI}}{(g^D + g^{SI} + g^{EI})(g^D + g^E + g^{IE})} \right](v^I - E_L) = \frac{g^{SI}(v^S - E_L)}{g^D + g^{SI} + g^{EI}} +$$

$$\frac{g^{EI} g^E (E_E - E_L)}{(g^D + g^{SI} + g^{EI})(g^D + g^E + g^{IE})} \qquad (56)$$

Assuming $g^{IE} g^{EI} \ll (g^D)^2$, we get

$$v^I - E_L \approx \frac{g^{SI}(v^S - E_L)}{g^D + g^{SI} + g^{EI}} + \frac{g^{EI} g^E (E_E - E_L)}{(g^D + g^{SI} + g^{EI})(g^D + g^E + g^{IE})} \qquad (57)$$

Substituting Eq. 57 into Eq. 4, we obtain

$$\tau_S \frac{dv^S}{dt} = -(v^S - E_L) + f_d(g^E) \qquad (58)$$

where $f_d(g^E)$ is given by Eq. 12.

Similarly, we can calculate the case when there is only an inhibitory synaptic input by setting $g^E=0$, and the result is

$$\tau_s \frac{dv^s}{dt} = -(v^s - E_L) + f_p(g^I) \qquad (59)$$

where $f_p(g^I)$ is given by Eq. 13 .

Finally, by combing the above results, we obtain the dynamics of the somatic potential when both excitatory and inhibitory synaptic inputs are applied (see Eq. 11)

$$\tau_s \frac{dv^s}{dt} = -(v^s - E_L) + f_d(g^E) + f_p(g^I) + \kappa f_d(g^E) f_p(g^I) \qquad (60)$$

where κ is given by Eq. 14.

The key algebraic insight in the derivation of the multiplicative rule for the integration of the synaptic input conductances, Eq. 60, is the following. We exemplify the key step in a simplified system. Note first that dendritic processing in the inhibitory compartment is linearly transmitted into the somatic compartment, given by Eq. 4. We thus can focus on the steady state equation of the inhibitory compartment, as given by Eq. 9 and set for now $g^{SI}=0$. If we assume that the transfer conductance back to the excitatory compartment is negligible (that is $g^{IE}g^{EI}<<(g^D)^2$ as above), the excitatory voltage is not dependent on the inhibitory voltage. Thus it is

$$\bar{v}^I - E_L \approx \frac{g^{EI}(\bar{v}^E - E_L) + g^I(E_I - E_L)}{g^D + g^{SI} + g^{EI} + g^I} \qquad (61)$$

$$= \frac{h(g^E) + \beta g^I}{\gamma + g^I} \qquad (62)$$

where we set $h(g^{\mathrm{E}}) \equiv g^{\mathrm{EI}}(\overline{v}^{\mathrm{E}} - E_{\mathrm{L}})$, $\gamma \equiv g^{\mathrm{D}} + g^{\mathrm{SI}} + g^{\mathrm{EI}}$, and $\beta \equiv E_{\mathrm{I}} - E_{\mathrm{L}}$, for the time being. Crucially, inhibition and excitation terms in Eq. 62 are mixed due to the g^{I} in the denominator. The key insight is that the term Eq. 62 can be expressed as a multiplicative rule separating the effects of g^{I} and g^{E}:

$$\frac{h(g^{\mathrm{E}}) + \beta g^{\mathrm{I}}}{\gamma + g^{\mathrm{I}}} = \frac{\beta g^{\mathrm{I}}}{\gamma + g^{\mathrm{I}}} + \frac{h(g^{\mathrm{E}})}{\gamma + g^{\mathrm{I}}} \tag{63}$$

$$= \frac{\beta g^{\mathrm{I}}}{\gamma + g^{\mathrm{I}}} + \frac{h(g^{\mathrm{E}})}{\gamma + g^{\mathrm{I}}} - \frac{h(g^{\mathrm{E}})}{\gamma} + \frac{h(g^{\mathrm{E}})}{\gamma} \tag{64}$$

$$= \frac{\beta g^{\mathrm{I}}}{\gamma + g^{\mathrm{I}}} + \frac{h(g^{\mathrm{E}})}{\gamma} + h(g^{\mathrm{E}})\left(\frac{1}{\gamma + g^{\mathrm{I}}} - \frac{1}{\gamma}\right) \tag{65}$$

$$= \frac{\beta g^{\mathrm{I}}}{\gamma + g^{\mathrm{I}}} + \frac{h(g^{\mathrm{E}})}{\gamma} - \frac{h(g^{\mathrm{E}})g^{\mathrm{I}}}{\gamma(\gamma + g^{\mathrm{I}})} \tag{66}$$

$$= \frac{\beta g^{\mathrm{I}}}{\gamma + g^{\mathrm{I}}} + \frac{h(g^{\mathrm{E}})}{\gamma} - \frac{1}{\beta}\frac{\beta g^{\mathrm{I}}}{\gamma + g^{\mathrm{I}}}\frac{h(g^{\mathrm{E}})}{\gamma} \tag{67}$$

$$\equiv f_1(g^{\mathrm{I}}) + f_2(g^{\mathrm{E}}) - \frac{1}{\beta}f_1(g^{\mathrm{I}})f_2(g^{\mathrm{E}}) \tag{68}$$

which has the desired multiplicative form with $f_1(g^{\mathrm{I}}) \equiv \beta g^{\mathrm{I}} / (\gamma + g^{\mathrm{I}})$ and $f_2(g^{\mathrm{E}}) \equiv h(g^{\mathrm{E}})/\gamma$. The derivation of Eq. 60 was done analogously albeit starting from the full model (including the somatic compartment).

5.2 The dynamics of a neuron having multiple dendrites

5.2.1 Single synapses on individual dendritic branches

We first consider that single synaptic inputs are distributed on parallel dendritic branches, i.e., each branch receives only one type of synaptic input (see Fig. 4 A). In this case, the dynamics of the neural compartments can be written as

$$C_{\mathrm{S}}\frac{dv^{\mathrm{S}}}{dt}=-g^{\mathrm{S}}(v^{\mathrm{S}}-E_{\mathrm{L}})-\sum_{i}g^{\mathrm{TS}}(v^{\mathrm{S}}-v_{i}^{\mathrm{T}}) \tag{69}$$

$$C_{\mathrm{D}}\frac{dv_{i}^{\mathrm{T}}}{dt}=-g^{\mathrm{D}}(v_{i}^{\mathrm{T}}-E_{\mathrm{L}})-g^{\mathrm{ST}}(v_{i}^{\mathrm{T}}-v^{\mathrm{S}})-g_{i}^{\mathrm{T}}(v_{i}^{\mathrm{T}}-E_{i}^{\mathrm{T}}) \qquad i=1,2,\ldots N \tag{70}$$

Here, we use $T=E$ or I to denote the type of an input synapse. v_i^{T} represent the potential at the location of the T-type input on the i th dendrite. g^{ST} is the transfer conductance from the soma to an input site, which we assume equal for different dendritic branches. g^{TS} is defined analogously.

Given that the dynamics of the voltage of the synaptic compartments, v_i^{T}, happens on much faster time scale than the somatic voltage v^{S}, we can assume that they instantaneously relax to the steady state. By thus setting the left-hand side of Eq. 70 to zero, we get

$$v_{i}^{\mathrm{T}}-E_{\mathrm{L}}=\frac{g^{\mathrm{ST}}(v^{\mathrm{S}}-E_{\mathrm{L}})+g_{i}^{\mathrm{T}}(E_{i}^{\mathrm{T}}-E_{\mathrm{L}})}{g^{\mathrm{D}}+g^{\mathrm{ST}}+g_{i}^{\mathrm{T}}} \tag{71}$$

Substituting Eq. 71 into Eq. 69 and assuming that $g^{\mathrm{TS}}g^{\mathrm{ST}}\ll(g^{\mathrm{S}})^{2}$ leads to the model as stated in the main text (Eq. 19).

5.2.2 On-path configuration on each dendritic branch

We now consider the second configuration in which each dendrite branch comprises of a pair of excitatory and inhibitory inputs in on-path arrangement, that is the inhibitory synapse is located proximal and the excitatory synapse distal (in respect to the soma; see Fig. 4 B). The voltage dynamics of all compartments is then given by

$$C_{\mathrm{S}} \frac{dv^{\mathrm{S}}}{dt} = -g^{\mathrm{S}}(v^{\mathrm{S}} - E_{\mathrm{L}}) - \sum_i g^{\mathrm{IS}}(v^{\mathrm{S}} - v_i^{\mathrm{I}}) \qquad (72)$$

$$C_{\mathrm{D}} \frac{dv_i^{\mathrm{I}}}{dt} = -g^{\mathrm{D}}(v_i^{\mathrm{I}} - E_{\mathrm{L}}) - g^{\mathrm{SI}}(v_i^{\mathrm{I}} - v^{\mathrm{S}}) - g^{\mathrm{EI}}(v_i^{\mathrm{I}} - v_i^{\mathrm{E}}) - g_i^{\mathrm{I}}(v_i^{\mathrm{I}} - E_{\mathrm{I}}) \quad (73)$$

$$C_{\mathrm{D}} \frac{dv_i^{\mathrm{E}}}{dt} = -g^{\mathrm{D}}(v_i^{\mathrm{E}} - E_{\mathrm{L}}) - g^{\mathrm{IE}}(v_i^{\mathrm{E}} - v_i^{\mathrm{I}}) - g_i^{\mathrm{E}}(v_i^{\mathrm{E}} - E_{\mathrm{E}}) \qquad i = 1,2,\ldots N \,(74)$$

where v_i^{E} and v_i^{I} are the membrane potentials at the locations E and I, and g_i^{E} and g_i^{I} are the excitatory and inhibitory synaptic conductances of the *ith* dendritic branch, respectively.

Consider again that the voltages at the dendritic locations, v_i^{E} and v_i^{I}, can be regarded as fast variables, Eq. 73 and Eq. 74 can be solved for the stationary state of v_i^{E} and v_i^{I}, respectively. Substituting the results into Eq. 72, and again assuming that the product of the transfer conductances are much smaller than the leaks, $g^{\mathrm{SI}} g^{\mathrm{IS}} \ll (g^{\mathrm{S}})^2$ and $g^{\mathrm{IE}} g^{\mathrm{EI}} \ll (g^{\mathrm{D}})^2$, we find the final form of the model as given in the main text (Eq. 21).

5.2.3 Global shunting

In the third configuration, we consider that an inhibitory input targets the soma directly and excitatory inputs are distributed on parallel dendritic branches (see Fig. 4 C). The dynamics of the compartments can be written as

$$C_{\mathrm{S}} \frac{dv^{\mathrm{S}}}{dt} = -g^{\mathrm{S}}(v^{\mathrm{S}} - E_{\mathrm{L}}) - g^{\mathrm{I}}(v^{\mathrm{S}} - E_{\mathrm{I}}) - \sum_i g^{\mathrm{ES}}(v^{\mathrm{S}} - v_i^{\mathrm{E}}) \qquad (75)$$

$$C_{\mathrm{D}} \frac{dv_i^{\mathrm{E}}}{dt} = -g^{\mathrm{D}}(v_i^{\mathrm{E}} - E_{\mathrm{L}}) - g^{\mathrm{SE}}(v_i^{\mathrm{E}} - v^{\mathrm{S}}) - g_i^{\mathrm{E}}(v_i^{\mathrm{E}} - E_{\mathrm{E}}) \quad i = 1,2,\ldots N \quad (76)$$

Note that we do not need to explicitly model an inhibitory compartment here because the inhibitory input directly affects the somatic potential. Thus the somatic time constant, given by $\tau_S = C_S / (g^S + g^{IS})$ when explicitly modeling the inhibitory compartment, is now approximated by $\tau_S = C_S / g^S$ since the transfer conductance from inhibitory compartment to the soma g^{IS} is neglected. Following analogous assumptions as above we get the equation Eq. 25 in the main text.

5.3 Persistent activity in a network of global shunting gates

5.3.1 Fixed point of population firing rates

We first approximate the functions f_{Gd} and f_{Gp} in the range of their average inputs, that is $\tilde{g}_E$ and $N^I p \tilde{g}_I$ (compare to Eq. 30). This yields $f_{Gd}(\tilde{g}_E) \approx a\tilde{g}_E + b$ and $f_{Gp}(N^I p\tilde{g}_I) \approx cN^I p\tilde{g}_I + d$, where $a > 0$, $b \geq 0$, $c < 0$, $d \leq 0$ are constants (see Fig. 6 for the numerical values). Now we find for the inputs:

$$J^T = N^E p(a\tilde{g}_E + b) + cN^I p\tilde{g}_I + d + \kappa_G N^E p(a\tilde{g}_E + b)(cN^I p\tilde{g}_I + d) \quad (77)$$

Since the conductances and population rates have to match during a steady state (self-consistency), we can in the following calculate the fixed point of the population rates, $\bar{r}_E$ and $\bar{r}_I$. Using Eq. 77 together with the steady states of Eq. 31 and Eq. 32 , we find first for the inputs

$$J^T = A_1\bar{r}_E + A_2\bar{r}_I + A_3\bar{r}_E\bar{r}_I + A_4 \quad (78)$$

with the shortcuts

$$A_1 = aw_E\tau_E pN^E (1+d\kappa_G) \tag{79}$$

$$A_2 = cw_I\tau_I pN^I (1+b\kappa_G pN^E) \tag{80}$$

$$A_3 = \kappa_G \, aw_E\tau_E pN^E \, cw_I\tau_I pN^I \tag{81}$$

$$A_4 = bpN^E (1+d\kappa_G)+d \tag{82}$$

Combining Eq. 78 with Eq. 33 and Eq. 34 finally yields the fixed point of the population firing rates

$$\bar{r}_E = \frac{2B_1}{-B_2 + \sqrt{B_2^2 - 4B_1 B_3}} \tag{83}$$

$$\bar{r}_I = \frac{\mu_I}{\mu_E}\bar{r}_E, \tag{84}$$

where $B_1=\mu_E A_4-\mu_E\beta$, $B_2=\mu_E A_1+\mu_I A_2-1$, and $B_3=\mu_I A_3$.

5.3.2 Stability

Let us analyze the stability of the stationary states, Eq. 83 and Eq. 84 . We thus have to consider the following dynamical equations

$$\tau_E \frac{d\tilde{g}_E}{dt} = -\tilde{g}_E + w_E\tau_E r_E =: G_1(\tilde{g}_E,\tilde{g}_I) \tag{85}$$

$$\tau_I \frac{d\tilde{g}_I}{dt} = -\tilde{g}_I + w_I\tau_I r_I =: G_2(\tilde{g}_E,\tilde{g}_I) \tag{86}$$

The fixed points of the above equations are

$$\bar{\bar{g}}_E = \bar{r}_E w_E \tau_E \tag{87}$$

$$\bar{\bar{g}}_I = \frac{\bar{r}_E w_I \tau_I \mu_I}{\mu_E} \tag{88}$$

The stability of the population activity is determined by the eigenvalues of the Jacobian matrix J at the fixed points. The Jacobian matrix is given by

$$J = \begin{bmatrix} \dfrac{\partial G_1}{\partial \tilde{g}_E} & \dfrac{\partial G_1}{\partial \tilde{g}_I} \\[2ex] \dfrac{\partial G_2}{\partial \tilde{g}_E} & \dfrac{\partial G_2}{\partial \tilde{g}_I} \end{bmatrix}_{(\bar{\bar{g}}_E, \bar{\bar{g}}_I)} \tag{89}$$

$$= \begin{bmatrix} -1 + N^E p w_E \tau_E \mu_E a (1 + \kappa_G d + \kappa_G c N^I p \bar{\bar{g}}_I) & N^I p w^E \tau_E \mu_E c (1 + \kappa_G N^E p b + \kappa_G N^E p a \bar{\bar{g}}_E) \\ N^E p w_I \tau_I \mu_I a (1 + \kappa_G d + \kappa_G c N^I p \bar{\bar{g}}_I) & -1 + N^I p c w^I \tau_I \mu_I (1 + \kappa_G N^E p b + \kappa_G N^E p a \bar{\bar{g}}_E) \end{bmatrix} \tag{90}$$

whose eigenvalues are calculated to be

$$\lambda_1 = -1 \tag{91}$$

$$\lambda_2 = N^E p w_E \tau_E \mu_E a (1 + \kappa_G d + \kappa_G N^I p c \bar{\bar{g}}_I) + N^I p c w_I \tau_I \mu_I (1 + \kappa_G N^E p b + \kappa_G N^E p a \bar{\bar{g}}_E) - 1 \tag{92}$$

Thus, when $\lambda_2 < 0$ the solution is stable. Note that since only $c < 0$ and $d \leq 0$ the increasing shunting strength κ_G will decrease λ_2 and thus tend to stabilizing the system.

6　Acknowledgements

We are grateful for valuable discussions with Xiaohui Zhang, Xudong Wang, and Misha Tsodyks. This work is supported by the National Foundation of Natural Science of China (No. 91132702, No. 31221003, no. 60825306 and No. 91120305), National High-Tech R&D Program of China (863 Program No. 2012AA011601), and High Level Talent Project of Guangdong Province, China.

References

[1]　Abbott, L. 1991. Firing-rate models for neural populations[J]. *Neural networks: From biology to high-energy physics*, 179–196.

[2]　Abbott, L. 1991. Realistic synaptic inputs for model neural networks[J]. *Network: Computation in Neural Systems*, 2(3): 245–258.

[3]　Amari, S. 1977. Dynamics of pattern formation in lateral-inhibition type neural fields[J]. *Biological cybernetics*, 27(2): 77–87.

[4]　Amit, D. J. and Brunel, N. 1997. Dynamics of a recurrent network of spiking neurons before and following learning[J]. *Network: Computation in Neural Systems*, 8(4): 373–404.

[5]　Amit, D. J. and Brunel, N. 1997. Model of global spontaneous activity and local structured activity during delay periods in the cerebral cortex[J]. *Cerebral Cortex*, 7(3): 237–252.

[6]　Barrett, J. and Crill, W. 1974. Specific membrane properties of cat motoneurones[J]. *The Journal of physiology*, 239(2): 301–324.

[7]　Ben-Yishai, R., Bar-Or, R. and Sompolinsky, H. 1995. Theory of orientation tuning in visual cortex[J]. *Proceedings of the National Academy of Sciences*, 92(9): 3844–3848.

[8] Blomfield, S. 1974. Arithmetical operations performed by nerve cells[J]. *Brain research*, 69(1): 115–124.

[9] Bonin, V., Mante, V. and Carandini, M. 2005. The suppressive field of neurons in lateral geniculate nucleus[J]. *The Journal of neuroscience*, 25 (47): 10844–10856.

[10] Borg-Graham, L. J., Monier, C., Fregnac, Y., et al. 1998. Visual input evokes transient and strong shunting inhibition in visual cortical neurons[J]. *Nature*, 393(6683): 369–372.

[11] Brody, C. D., Romo, R., Kepecs, A., et al. 2003. Basic mechanisms for graded persistent activity: discrete attractors, continuous attractors, and dynamic representations[J]. *Current opinion in neurobiology*, 13(2): 204–211.

[12] Brunel, N. and Wang, X.-J. 2001. Effects of neuromodulation in a cortical network model of object working memory dominated by recurrent inhibition[J]. *Journal of computational neuroscience*, 11(1): 63–85.

[13] Brunel, N. 2000. Dynamics of sparsely connected networks of excitatory and inhibitory spiking neurons[J]. *Journal of computational neuroscience*, 8(3): 183–208.

[14] Busse, L., Wade, A. R. and Carandini, M. 2009. Representation of concurrent stimuli by population activity in visual cortex[J]. *Neuron*, 64(6): 931.

[15] Carandini, M., Heeger, D. and Movshon, J. 1997. Linearity and normalization in simple cells of the macaque primary visual cortex[J]. *The Journal of Neuroscience*, 17(21): 8621–8644.

[16] Carandini, M. and Heeger, D. 1994. Summation and division by neurons in primate visual cortex[J]. *Science*, 264(5163): 1333–1336.

[17] Carandini, M. and Heeger, D. 2011. Normalization as a canonical neural computation[J]. *Nature Reviews Neuroscience*, 13(1): 51–62.

[18] Chance, F., Abbott, L. and Reyes, A. 2002. Gain modulation from background synaptic input[J]. *Neuron*, 35(4): 773–782.

[19] Cook, E. and Johnston, D. 1997. Active dendrites reduce location-dependent

variability of synaptic input trains[J]. *Journal of neurophysiology*, 78(4): 2116–2128.

[20] Danke, Z., Yuanqing, L., Rasch, M. J. and Si, W. Divisive normalization by shunting inhibition in neural networks[J]. *IJCAI-13 workshop on intelligence science*, In press.

[21] Danke, Z., Yuanqing, L., Rasch, M. J. and Si, W. *Nonlinear multiplicative dendritic integration in neuron and network models*[M]. Frontiers in Computational Neuroscience, In press.

[22] Deneve, S. and Latham, P. 1999. Reading population codes: A neural implementation of ideal observers[J]. *Nature Neuroscience*, 2(8): 740–745.

[23] Egorov, A. V., Hamam, B. N., Fransén, E., Hasselmo, M. E. and Alonso, A. A. 2012. Graded persistent activity in entorhinal cortex neurons[J]. *Nature*, 420(6912): 173–178.

[24] Georgopoulos, A., Taira, M. and Lukashin, A. 1993. Cognitive neurophysiology of the motor cortex[J]. *Science*, 260 (5104): 47–52.

[25] Gerstner, W. and Kistler, W. M. 2002. *Spiking neuron models: Single neurons, populations, plasticity*[M]. Cambridge university press.

[26] Golding, N. L., Mickus, T. J., Katz, Y., Kath, W. L. and Spruston, N. 2005. Factors mediating powerful voltage attenuation along ca1 pyramidal neuron dendrites[J]. *The Journal of physiology*, 568 (1): 69–82.

[27] Gold, J. and Shadlen, M. 2001. Neural computations that underlie decisions about sensory stimuli[J]. *Trends in cognitive sciences*, 5(1): 10–16.

[28] Hao, J., Wang, X., Dan, Y., Poo, M. and Zhang, X. 2009. An arithmetic rule for spatial summation of excitatory and inhibitory inputs in pyramidal neurons[J]. *Proceedings of the National Academy of Sciences*, 106 (51): 21906–21911.

[29] Herz, A., Gollisch, T., Machens, C. and Jaeger, D. 2006. Modeling single-neuron dynamics and computations: A balance of detail and abstraction[J]. *Science*, 314: 80–85.

[30] Hopfield. J. J. 1984. Neurons with graded response have collective computational properties like those of two-state neurons[J]. *Proceedings of the national academy of sciences*, 81(10): 3088–3092.

[31] Huang, Z., Di Cristo, G. and Ango, F. 2007. Development of GABA innervation in the cerebral and cerebellar cortices[J]. *Nature Reviews Neuroscience*, 8 (9): 673–686.

[32] Izhikevich, E. M. 2006. *Dynamical systems in neuroscience: the geometry of excitability and bursting*[M]. MIT press.

[33] Jadi, M., Polsky, A., Schiller, J. and Mel, B. 2012. Location-dependent effects of inhibition on local spiking in pyramidal neuron dendrites[J]. *PLoS Computational Biology*, 8 (6): e1002550.

[34] Koch, C., Poggio, T., Torres, V., Koch, C., Poggio, T. and Torres, V. 1982. Retinal ganglion cells: a functional interpretation of dendritic morphology[J]. *Philosophical Transactions of the Royal Society of London. B, Biological Sciences*, 298 (1090): 227–263.

[35] Koch, C., Poggio, T. and Torre, V. 1983. Nonlinear interactions in a dendritic tree: Localization, timing, and role in information processing[J]. *Proceedings of the National Academy of Sciences*, 80 (9): 2799–2802.

[36] Koch, C. 2004. *Biophysics of computation: information processing in single neurons*[M]. Oxford University Press, USA.

[37] Lai, H. and Jan, L. 2006. The distribution and targeting of neuronal voltage-gated ion channels[J]. *Nature Reviews Neuroscience*, 7 (7): 548–562.

[38] London, M. and Häusser, M. 2005. Dendritic computation[J]. *Annu. Rev. Neurosci*, 28: 503–532.

[39] Luo, S. X., Axel, R. and Abbott, L. 2010. Generating sparse and selective third-order responses in the olfactory system of the fly[J]. *Proceedings of the National Academy of Sciences*, 107 (23): 10713–10718.

[40] Lyu, S. and Simoncelli, E. P. 2009. Nonlinear extraction of independent

components of natural images using radial gaussianization[J]. *Neural computation*, 21 (6): 1485–1519.

[41] Lyu, S. 2010. Divisive normalization: Justification and effectiveness as efficient coding transform[J]. *Advances in neural information processing systems*, 21.

[42] Machens, C. K., Romo, R. and Brody, C. D. 2005. Flexible control of mutual inhibition: a neural model of two-interval discrimination[J]. *Science*, 307 (5712): 1121–1124.

[43] Mainen, Z. and Sejnowski, T. 1996. Influence of dendritic structure on firing pattern in model neocortical neurons[J]. *Nature*, 382 (6589): 363–366.

[44] Markram, H., Toledo-Rodriguez, M., Wang, Y., Gupta, A., Silberberg, G. and Wu, C. 2004, Interneurons of the neocortical inhibitory system[J]. *Nature Reviews Neuroscience*, 5 (10): 793–807.

[45] McLaughlin, D., Shapley, R., Shelley, M. and Wielaard, D. 2000. A neuronal network model of macaque primary visual cortex (v1): Orientation selectivity and dynamics in the input layer 4cα[J]. *Proceedings of the National Academy of Sciences*, 97 (14): 8087–8092.

[46] Mongillo, G., Barak, O. and Tsodyks, M. 2008. Synaptic theory of working memory[J]. *Science Signalling*, 319 (5869): 1543.

[47] Olsen, S. R., Bhandawat, V. and Wilson, R. I. 2010. Divisive normalization in olfactory population codes[J]. *Neuron*, 66 (2): 287–299.

[48] Omori, T., Aonishi, T., Miyakawa, H., Inoue, M. and Okada, M. 2006. Estimated distribution of specific membrane resistance in hippocampal ca1 pyramidal neuron[J]. *Brain research*, 1125 (1): 199–208.

[49] Omori, T., Aonishi, T., Miyakawa, H., Inoue, M. and Okada, M. 2009. Steep decrease in the specific membrane resistance in the apical dendrites of hippocampal ca1 pyramidal neurons[J]. *Neuroscience research*, 64 (1): 83–95.

[50] Rall. W. 1977. *Core conductor theory and cable properties of neurons*[M]. Wiley Online Library.

[51] Rasch, M. J., Schuch, K., Logothetis, N. K. and Maass, W. 2011. Statistical comparison of spike responses to natural stimuli in monkey area v1 with simulated responses of a detailed laminar network model for a patch of v1[J]. *Journal of neurophysiology*, 105 (2): 757–778.

[52] Renart, A., Song, P., Wang, X.-J., et al. 2003. Robust spatial working memory through homeostatic synaptic scaling in heterogeneous cortical networks. *Neuron*, 38 (3): 473–486.

[53] Samsonovich, A. and McNaughton, B. 1997. Path integration and cognitive mapping in a continuous attractor neural network model[J]. *The Journal of Neuroscience*, 17 (15): 5900–5920.

[54] Schwartz, O., Simoncelli, E. P., et al. 2001. Natural signal statistics and sensory gain control. *Nature neuroscience*, 4 (8): 819–825.

[55] Vogels, T. P. and Abbott, L. 2009. Gating multiple signals through detailed balance of excitation and inhibition in spiking networks[J]. *Nature neuroscience*, 12 (4): 483–491.

[56] Vu, E. and Krasne, F. 1992. Evidence for a computational distinction between proximal and distal neuronal inhibition[J]. *Science (New York, NY)*, 255 (5052): 1710–1712.

[57] Wang, X. 2001. Synaptic reverberation underlying mnemonic persistent activity[J]. *Trends in neurosciences*, 24 (8), 455–463.

[58] Wang, X. 2002. Probabilistic decision making by slow reverberation in cortical circuits[J]. *Neuron*, 36 (5): 955–968.

[59] Wilson, H. R. and Cowan, J. D. 1972. Excitatory and inhibitory interactions in localized populations of model neurons[J]. *Biophysical journal*, 12 (1): 1–24.

[60] Wong, K.-F. and Wang, X.-J. 2006. A recurrent network mechanism of time integration in perceptual decisions[J]. *The Journal of neuroscience*, 26 (4): 1314–1328.

[61] Wu, S., Amari, S. and Nakahara, H. 2002. Population coding and decoding in a

neural field: a computational study[J]. *Neural Computation*, 14 (5): 999–1026.

[62] Wu, S., Hamaguchi, K. and Amari, S. 2008. Dynamics and computation of continuous attractors[J]. *Neural computation*, 20 (4): 994–1025.

[63] Zhang, D., Cui, Y., Li, Y. and Wu, S. 2011. Simple models for synaptic information integration[J]. *In Neural Information Processing*, 210–216.

[64] Zhang, K. 1996. Representation of spatial orientation by the intrinsic dynamics of the head-direction cell ensemble: a theory[J]. *The journal of neuroscience*, 16 (6): 2112–2126.

[65] Zhou, D., Li, S., Zhang, X.-h. and Cai, D. 2013. Phenomenological incorporation of nonlinear dendritic integration using integrate-and-fire neuronal frameworks[J]. *PloS one*, 8 (1): e53508.

（原载于《Frontiers in Computational Neuroscience》2013年第8期，article56，选入本论文集时略有改动）

大脑功能响应引导多媒体内容分析

胡新韬　吉　祥　韩军伟　郭　雷　刘天明

胡新韬　吉　祥　韩军伟　郭　雷　刘天明 *

1　研究背景与意义

1.1　图像／视频内容理解与语义鸿沟

互联网与智能移动通信技术与服务的高速发展，使得多媒体信息尤其是数字图像和视频数据在人类的生产和生活中扮演着越来越重要的角色。在生活中，伴随着网络技术与服务的日益革新，共享网站和社交网站为图像与视频数据的分享提供了优秀的平台，如 Flickr、FaceBook、Photobucker，以及国内的爱奇艺、土豆网等。在生产与科学研究领域，图像与视频数据的应用也日渐广泛，如视频监控、高空对地观测、医学影像、目标识别与跟踪等。图像/视频数据的高速增长促使自动、高效的图像/视频处理技术成为当务之急，如图像压缩、传输、存储、浏览、检索和挖掘等。

"语义鸿沟"是制约自动、高效图像/视频处理技术的瓶颈问题[1]。高性能计算设备具有快速的计算能力，然而，自动的图像/视频处理技术以视听觉信息计算模型为基础，而"语义鸿沟"问题使得传统的视听觉信息计算模型与人脑的理解无论在处理机制还是在处理结果上都相距

* 胡新韬，西北工业大学自动化学院副教授；吉祥，西北工业大学自动化学院博士生；韩军伟，西北工业大学自动化学院教授；郭雷，西北工业大学自动化学院教授；刘天明，The University of Georgia 教授。

甚远，严重地制约了图像 / 视频数据的自动理解及应用[1]。实质上，图像 / 视频的理解是人脑最基本的认知行为。让机器不断接近人脑所拥有的视听觉信息处理机制一直是信息科学领域研究人员努力探索的目标，实现这一目标的核心是建立人脑认知可计算模型，涉及两个关键技术：（1）获取符合人脑认知的特征；（2）有效地组合与优化特征。几十年以来，研究者从多个角度针对关键技术一进行了尝试，代表性工作包括：Marr 的视觉计算理论框架[2]中重点描述的边缘轮廓、区域、纹理等早期特征；Itti 等[3-4]根据心理学和眼动跟踪实验得到的符合视觉系统注意机制的"中心—周围"（center-surround）显著特征算子；Lowe 等[5]基于兴趣点和仿射不变性提出的 SIFT 特征以及在此基础上衍生的视觉词袋特征（visual bag-of-words）[6]；Lee 等[7]提出仿神经元激活的稀疏编码方法学习视觉基元特征等。对于关键技术二的研究，从初始的启发式特征组合方式演化到目前流行的"人在回路中"（human-in-the-loop）的思想，即以显式或隐式的人工标注数据作为训练样本进行监督或者半监督机器学习实现特征的优化。

尽管已有的研究方案已经在不同程度上体现了模仿生物视觉系统或者"以人为中心"的思路，然而它们大多所使用的反映人脑认知的信息是比较主观的（人工标注训练样本）、抽象、定性且难计算的（来源于心理学或者生理学的结论）和粗略、刚性且单一的（人工标注一般仅仅是类别信息），从而导致其结果始终与人脑视听觉信息处理系统的理解相距甚远。

1.2 脑功能成像技术与图像 / 视频分析

随着脑科学和脑功能成像领域的飞速发展，人们对脑功能系统的了解和描述已突飞猛进。近年来，脑功能成像技术如脑电图（Electroencephalograph，EEG）、脑磁图（Magnetoencephalography，MEG）以及磁共振功能成像（functional Magnetic Resonance Imaging，fMRI）的快速发展，为大脑功能活动的观测和研究提供了非常重要的非侵入式手段。fMRI 因其高空间分辨率、较高的信噪比等优势，逐渐在大脑功能研究中占据主导地位 [8]。

其中，人脑结构与功能网络，已经成为探索大脑认知奥秘的最重要手段之一 [9]，其原因在于大脑结构和功能的网络化本质。以美国国家卫生院资助的"人脑连接组工程"为代表的研究工作，已经取得了成果，开拓了人们对大脑结构与功能架构的认识，并被广泛地应用于精神及神经系统疾病的研究。

同时，大脑网络的研究也使得人脑理解多媒体的脑科学原理有了更进一步的认识。最近的研究表明，信息在大脑功能网络的流向和交互很大程度上反映了人脑对媒体语义的理解和响应，这些响应与多媒体数据所包含的概念、场景及目标等高层语义特征之间，存在着紧密的相互联系。例如，fMRI 所反映的脑功能响应与图像 / 视频数据所包含的概念、场景及目标等高层语义特征之间，存在着紧密的相互联系。fMRI 响应模式与名词语义间的预测关系 [10]、与电影片段中的场景（如人脸、肢体运动、室内 / 室外场景等）间的关联关系 [11, 12]、与图像场景（如森林、山峰和沙滩等）的识别 [13]、手语交流 [14]、语义关联 [15] 及语义推理 [16] 等人脑认知活动间的密切联系。更重要的是，不同的个体的大脑在同一段视频刺激下的功能活动具有相当的一致性，即 fMRI 所反映的视频刺激下的大脑功能活动具有较好的可重复性和多人一致性 [11]。因此，fMRI 是探测人脑视听信息处理机制的有效手段，使得为多媒体内容的描述提供客观、丰富且定量、可计算的大脑认知特征成为可能，为解决"语义鸿沟"问题带来新的机遇。

1.3 研究现状

本质上，视频分析中广泛采用的机器学习、相关反馈及语义传递机制等关键技术，均利用了人的认知行为。例如，训练样本的类标志来源于人的标注，相关反馈技术利用了用户对搜索结果的理解，而语义传递机制的基础是事先标注的关键词。但是，这些引导信息比较主观，为刚性的判断，而缺乏弹性的量化。虽然这些技术取得了良好的应用效果，但是对于人脑丰富的响应特征利用不够充分。

利用客观、量化的人脑认知信息引导图像内容分析的研究工作刚起步。Kappor[17]、Gerson[18]、Bigdely-Shamlo[19] 以及 Wang 采用了不同的策略，利用脑电图扫描（EEG）引导图像中目标的分类。如在 Wang[20] 中，利用人机交互系统向被试快速的展示图像，同时要求被试确认其中是否存在事先要求识别的目标。利用 EEG 设备记录整个过程中的脑电信号。通过对 EEG 信号的分析，获得训练样本的"感兴趣目标得分"，并通过数据挖掘模型，实现"得分"在测试数据库中图像间的传递。Kay[21] 和 Miyawaki[22] 使用图像作为刺激，让被试观看按照实验规则顺序显示的图像，同时扫描得到 fMRI 图像数据，通过统计数学模型建立大脑中视觉相关的功能区中各体素的功能响应与图像基元之间的预测关系，实现图像的识别与重组。Walther[13] 等采用 fMRI 技术，展现了利用人脑中某些特定功能区域的连接模式，能有效地实现图像中场景的分类。

然而，上述研究工作的重点在于展现脑功能响应模式在训练样本上的组间差别，而无法推广到测试样本（不存在脑功能数据的样本）的内容分析中，即脑功能响应没有以"引导者"的角色出现在图像 / 视频内容分析方法中。

1.4 大脑功能响应引导多媒体内容分析的关键问题

大脑功能响应引导多媒体内容分析的研究中，存在两个关键问题：

（1）多媒体理解过程中人脑功能响应信息精确和有效的量化问题。

无论是采用 EEG 还是 fMRI 技术来获取人脑响应信息，都需要对这些信息进行精确和有效的量化，才能应用到引导多媒体分析的应用中去。要探测大脑网络在多媒体理解中的响应，首要问题即为大脑网络节点的精确定位，这也是大脑网络研究中的重点与难点问题。此外，人脑网络对于多媒体理解是一个复杂的认知活动，网络节点的定位除了需要精确定位，还需具有较高的解析度。

（2）脑功能响应信息对多媒体内容分析方法的引导机制问题。

由于 fMRI 数据采集的成本较高，为所有的图像扫描脑功能数据不具可行性。因此，采用有效的脑功能信息引导的计算模型，将脑功能响应信息的引导范围推广至训练样本以外图像或者视频数据，是脑功能响应信息对多媒体内容分析的第二个关键问题。

1.5 本文的研究内容

针对上述关键问题，本文主要介绍了两方面的工作：

（1）基于任务功能磁共振成像（T-fMRI）、自然刺激下功能磁共振成像（N-fMRI）的脑功能响应信号采集和脑功能特征提取工作；（2）基于 DICCCOL 系统的脑功能特征提取工作。针对脑功能响应信息对多媒体内容分析方法的引导机制问题，本文介绍了基于 PCA-CCA 算法和高斯过程回归算法的引导机制。对于上述工作，我们通过两个具体实例中进行介绍：

（1）脑功能响应来引导视频分类。（2）脑功能响应来引导视频检索。

这两个实例的整体研究思路如图 1 所示，思路流程为：选择少量视频训练样本作为自然刺激，采集人脑响应 fMRI 成像数据，分析成像数

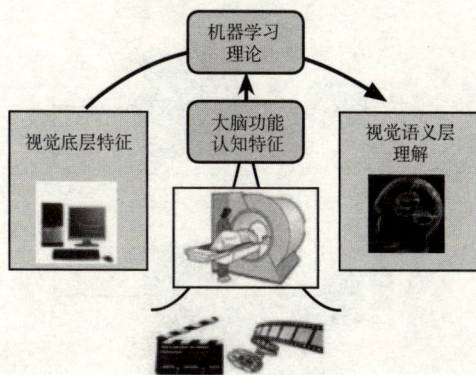

图 1　大脑功能响应引导多媒体内容分析研究思路

据获得客观反映脑功能认知的量化特征，以机器学习理论作为手段，实现少量样本的脑功能特征对大量样本的视觉底层特征的指导与优化，脑认知信息通过指导与优化策略嵌入视觉计算方法中，大大提高机器对于视觉内容语义层的理解能力。

2 大脑功能响应引导视频分类

利用大脑功能响应引导视频分类的其总体框架图如图 2 所示。主要流程为：首先，用 T-fMRI 来准确定位参与视频理解的大脑功能区；其次，让测试者观看从 TRECVID 数据库中的视频，同时利用 fMRI 技术采集测试者大脑在自然刺激下的 fMRI 数据；再次，利用脑网络分析获取了脑功能成像特征（brain image space，BIS），并利用主成分分析（principal component analysis，PCA）和典型相关分析（canonical correlation analysis，CCA）从训练样本学习了视频底层特征至脑功能成像特征的线性映射模型，其中脑功能成像特征代表高层语义特征；最后，利用该模型即可从视频的底层特征中映射得到与脑功能成像特征最相关的特征。利用映射得到的特征在三类测试数据上的两两二分类实验表明，学习到的脑功能成像特征能将分类准确率提高 8%—12%。

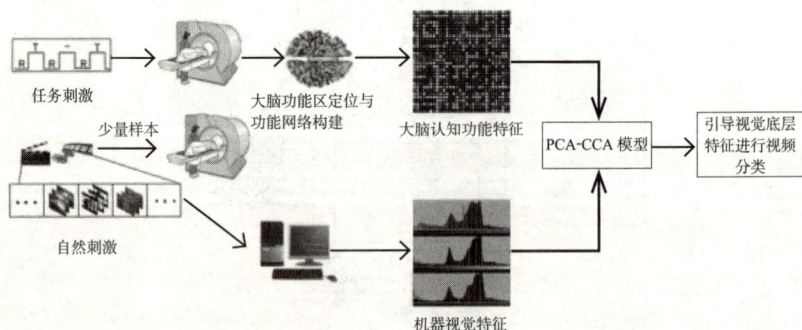

图 2 大脑功能响应引导视频分类的总体框架图

2.1 脑功能响应信息采集与量化

2.1.1 视频内容理解的脑功能信息处理模型

目前，视频内容理解的脑神经机制与功能通路仍然是神经科学领域的前沿研究课题，近年来的一些研究已经成功地刻画了人脑中涉及视频内容理解这一高级认知行为的功能区域。[23] 例如，Dudai 等 [24] 提出了一个视频理解的工作记忆脑功能模型，如图 3 所示。在这个模型中，人脑中的工作记忆网络、视觉网络以及听觉/语言网络在视频内容理解过程中起着主导作用。

其中，工作记忆网络是人脑中信息暂时存贮及其与其他更为复杂任务的联合运作的脑功能系统。工作记忆可以理解为一个临时的心理"工作平台"，在这个工作平台上，人们对信息进行操作处理和组装，以帮助我们理解语言、进行决策以及解决问题。在视频内容理解的工作记忆模型中，工作记忆网络结合在线信息（视觉、听觉/语言脑功能区所接收的信息）与离线信息（短期与长期记忆信息），以达到理解视频内容的目的。[24]

人脑的视觉皮层负责处理人眼所接收的视觉信息。其中，直接从外

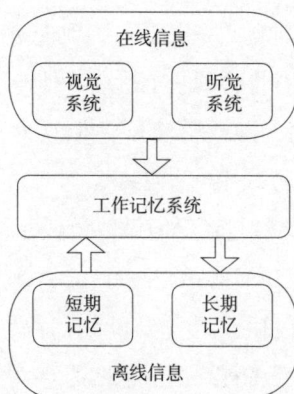

图 3　视频理解中的工作记忆模型

侧膝状体核（lateral geniculate nucleus，LGN）接收信息的称为主视觉区
（primary visual cortex，V1）。然后，接收到的视觉信息经过其他一系列
视觉皮层的处理，包括 V2、V3、V4、MT（middle temporal）和 MST
（middle superior temporal）。这些脑区的脑功能信号，可以用来度量人脑
对视频中视觉信息的响应。

人脑中处理与理解声音信号的区域主要是颞横前回（Heschl's
gyrus），包括 Broadmann 区 41 和 42。韦尼克区（Wernicke's area）是
人脑中负责处理语言理解的主要区域。布勃卡区（Broca's area）主要负
责语言产生。上述 3 个区域组成听觉和语言（A & L）网络，该网络的
fMRI 信号可以作为大脑对音频刺激的响应。

2.1.2 基于 T-fMRI 的脑功能区定位

四个大学学生作为被试参与了数据采集。

利用改进的 OSPAN 范式实现工作记忆网络的定位。[25] 实验一共分
3 个相似的部分（Run），共包含有一系列任务共 15 段（Epochs）：3 个
OSPAN+3 个反应 +3 个数学任务 +6 个基本任务。OSPAN、数学任务和
基本任务三个状态下，实验参与者将接受相似程度的视觉输入并给出相
似程度的动作输出。在基本任务状态，实验参与者将看到指向左边或者
右边的箭头（维持 4 秒钟），并根据箭头指向点击相应的鼠标键。在数
学任务状态，实验参与者将看到一个持续 4 秒钟包含两个运算符的等式
（前者为乘或者除，后者为加或者减），判断这个等式是否成立，并点击
相应的鼠标键。在两组等式中间，实验参与者将看到持续两秒钟星号。
在 OSPAN 任务时，实验参与者仍旧做数学任务，而不同的是，在两组
方程中间，实验参与者将看到持续两秒钟的字母，并且被要求记住这些
字母。每个 OSPAN 段包括五组方程和 5 个字母，OSPAN 段结束后是
一个反应段，实验参与者将看到对应于之前 5 个字母的五组字母，每组
字母持续 3 秒，包含 4 个字母，其中一个为之前出现的字母。实验参与

者根据之前所出现字母在这个字母序列中的顺序，点击相应的鼠标键。实验数据的获取基于 T2* 加权的 EPI 序列，成像参数为：TR=1500ms，TE=25ms，分辨率 3.75×3.75mm，图像矩阵 64×64，共 30 个切片，层厚 4mm，FOV=240×240mm^2，ASSET=2。

利用一个标准的视觉范式来定位视觉网络。这个范式循环交互进行的凝视模块和刺激模块组成，如图 4 所示。在凝视模块，要求被试凝视出现在屏幕中央的白色圆点。在刺激模块，一组图像在从凝视模块圆点发散出的扇形区域内交替展现。一个循环包含四组凝视模块与刺激模块的组合，在这四组组合中，白色圆点出现的位置遵循左—下—右—上的顺序。听觉与语言脑功能区的定位根据文献 [61] 中提供的标准的范式。fMRI 数据扫描的参数与工作记忆 fMRI 扫描类似。

任务刺激 fMRI 数据的预处理包括去除脑壳体、运动矫正、高斯核空间滤波、时域白噪声化、切片时间矫正以及去除全局漂移。[26, 27] 利用 FSL 工具包中提供的广义线性模型（General Linear Model，GLM）来实现各个任务下的大脑激活区检测。脑激活区检测为每个个体独立地进行，选择激活显著性较高且在多个被试之间解剖结构一致性高的脑功能区作为最终的各个任务所对应的脑功能区。最终，涉及工作记忆网络、视觉网络和听觉/语言网络的脑区数目分别为 16、8 和 6。这些脑区（网络节点）在大脑皮层表面上的分布如图 5 所示，它们所对应的解剖结构名称列于表 1。

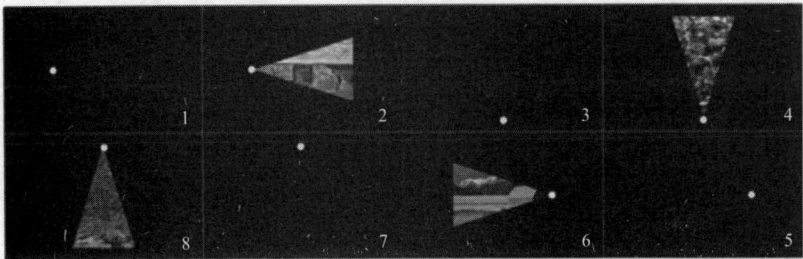

图 4 视觉网络定位范式示意

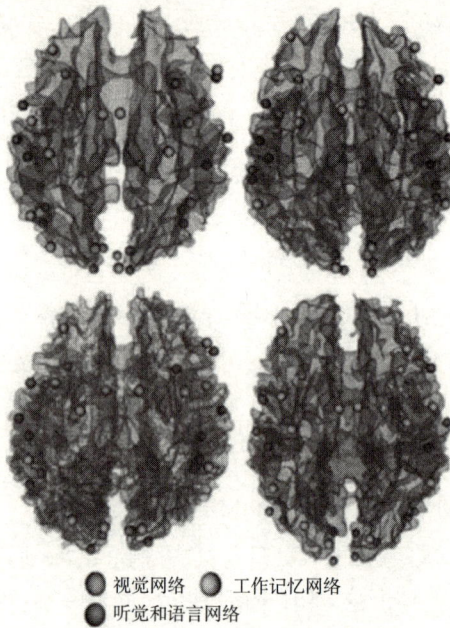

视觉网络　　　工作记忆网络
听觉和语言网络

图5　四个被试中定位的视觉、听觉／语言以及工作记忆脑功能区

表1　定位的视觉、听觉／语言以及工作记忆脑功能区对应的解剖结构名称

	工作记忆网络		听觉与语言网络
1	Left insula	1	Left Heschl's gyrus
2	Right insula	2	Right Heschl's gyrus
3	Left medial frontal gyrus	3	Left Wernick's area
4	Left precentral gyrus	4	Right Wernick's area
5	Right precentral gyrus	5	Left Broca's area
6	Left paracingulate gyrus	6	Right Broca's area
7	Right paracingulate gyrus		
8	Left superior frontal gyrus		视觉网络
9	Right superior frontal gyrus	1	Left primary visual cortex
10	Left supramarginal gyrus	2	Right primary visual cortex
11	Right supramarginal gyrus	3	Left secondary visual cortex

	工作记忆网络		听觉与语言网络
12	Left occipital pole	4	Right secondary visual cortex
13	Right frontal pole	5	Left middle temporal
14	Right lateral occipital gyrus	6	Right middle temporal
15	Left precuneus	7	Left middle superior temporal
16	Right precuneus	8	Right middle superior temporal

2.1.3　视频刺激 fMRI 数据采集与预处理

为采集视频刺激 fMRI 数据，从 TRECVID 2005 数据库（视频内容研究领域广泛采用的标准数据库）[29]中选择了 51 个视频片段作为视频刺激，亦即训练样本。LSCOM 为 TRECVID 2005 数据库定义了一组（7个）大尺度上的语义概念，包括政治、经济/商业、科技、运动、娱乐、天气预报和广告。[29, 30]由于数据扫描成本的限制，本文仅考虑了具有代表性的三个概念：运动、天气预报和广告。随机选取的这三类概念的视频样本数分别为 20、19 和 12，共计 51 个视频样本。为了便于 fMRI 数据采集，将这 51 个视频样本随机排列，并将它们组织成长短相仿的 8 个视频序列，每个序列约为 11 分钟。图 6 为一个视频序列的示例。把这些视频序列作为刺激，通过磁共振兼容的视频播放设备播放给躺在磁共振设备中的被试，同时采集 fMRI 数据。fMRI 数据采集参数如下：重复时间 TR 1.5s，回波时间 TE 25ms，图像矩阵 64×64，30 个轴向切片，层厚 4mm，视场 FOV 220mm^2。MRI 扫描和视频播放的严格同步由 E-prime[31]软件控制。视频刺激 fMRI 数据的预处理包括去除脑壳体、头动矫正、高斯核空间滤波、时域白噪声化、切片时间矫正以及去除全局漂移。利用线性配准方法（FSL FLIRT）将任务刺激 fMRI 与自然刺激 fMRI 数据进行配准，使得它们位于同一个图像空间，以方便提取任务刺激 fMRI 所定位的脑功能区在自然刺激 fMRI 数据中所对应的脑功能信号。

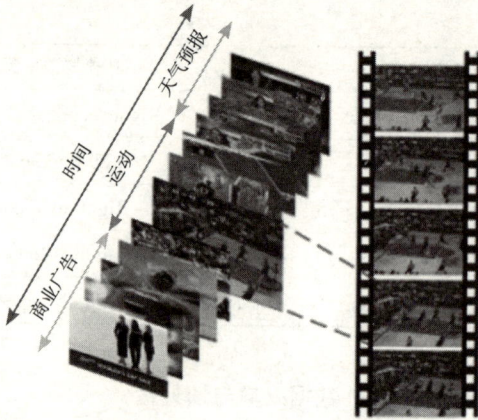

图 6　从 TRECVID2005 选取的 51 个视频片段组成的部分视频剪辑示例

2.1.4　视频脑功能成像特征提取

脑网络功能连接矩阵度量。如前所述，人脑复杂认知功能的实现依赖于多个脑功能区之间相互协调的工作，亦即大脑功能交互。因此，采用大脑网络功能连接[8]来度量视频内容理解过程中的脑功能响应，并从中提取视频内容的脑功能响应特征。记大脑功能网络为 G={V, E}，其中 $V = \{v_1, v_2, \cdots, v_n\}$ 为网络节点的集合，$E = \{e_{ij}, i, j = 1, 2, \cdots, n\}$ 为描述 V 中节点间连接亦即 G 中边的集合。V 由上节中描述的 30 个脑功能区组成。而 E 的度量针对每个视频独立进行，即每一个视频对应着一个 30×30 的脑功能连接矩阵。

针对一个视频，为计算 V 中任意两个节点间的功能连接，首先提取 V 中的节点在该视频所对应的自然刺激 fMRI 数据中的 fMRI 时间序列信号。值得注意的是，节点可能由多个体素构成，也就是说，一个节点可能对应着空间上相邻的多个 fMRI 时间序列信号。记某节点为 v，以及它所对应的 fMRI 信号为 $S_{n \times t}$，其中 n 为节点 v 所对应的体素的个数，t 为 fMRI 信号的长度。利用主成分分析（PCA）[60]提取 $S_{n \times t}$ 的第一主成分 $s_{1 \times t}$，作为 v 的代表性信号。任意两个节点 i 和 j 的功能连接 e_{ij} 为 s^i

和 s^j 间的皮尔森相关性系数。[8]

图 7 为某个被试中随机选取的一个运动视频和一个广告视频所对应的功能连接矩阵。从图中可以看出，这两个视频片段所对应的脑功能连接模式差异较大。例如，广告视频对应的脑功能连接中，工作记忆（WM）脑功能网络中的连接强度显著强于运动视频所对应的脑功能连接强度。考虑到与运动视频相比，广告视频往往伴随着更复杂的视频结构设计、拍摄手法以及更艺术化的音乐等，因此人脑在其理解过程中需要更强的功能交互，上述观察到的结果是合理的。

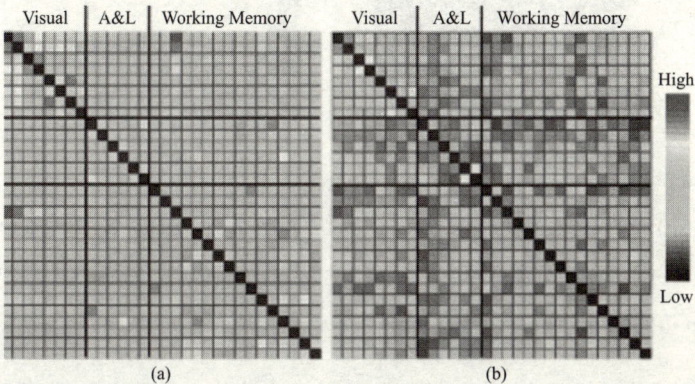

图 7 随机选取一个被试的一个广告视频 (a) 和一个运动视频 (b) 所对应的脑功能连接矩阵。A&L 代表听觉 / 语言脑功能网络。

脑网络功能连接矩阵在视频分类中的分辨能力。利用双边 *t-test* 假设检验来定量的研究大脑功能网络响应在视频样本中的分类能力。图 8（a）、（b）和（c）分别为运动—天气预报（sports VS weather）、运动—广告（sports VS commercial）和天气预报—广告（weather VS commercial）三个二分类问题所对应的双边 *t-test* 的 *p* 值图。（d）为 S-W 和 W-C 中的 *p* 值的分布对比。图中蓝色区域为较小的 *p* 值，对应着在视频内容分类中分辨能力较高的脑功能连接矩阵元素。从图中可以看出，脑功能响应矩阵在视频分类中具有良好的分辨能力。其中，其在 S-C 分类问题中具有最好的性能，在 S-W 与 W-C 中具有类似的性能。

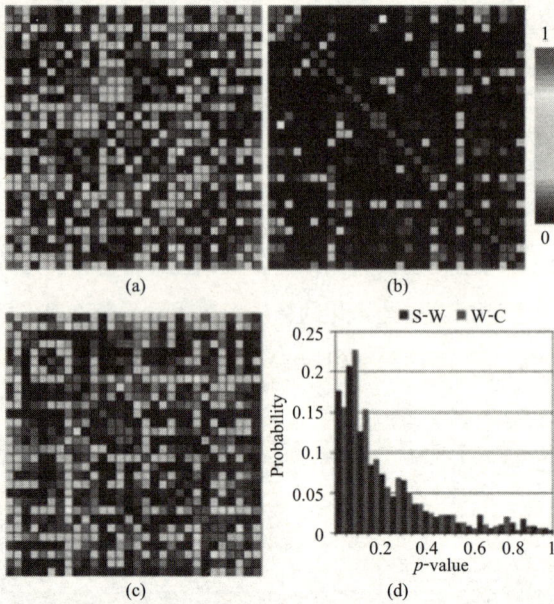

图 8　(a)-(c) 分别为运动—天气预报 (S–W)、运动—广告 (S–C) 和天气预报—广告 (W–C) 三个二分类问题所对应的双边 *t-test* 的 p 值图。(d) 为 S–W 和 W–C 中的 *p* 值的分布对比。

脑网络响应的多人一致性。已有的研究工作已经表明，同一被试大脑对同一段视频内容的响应具有可重复性，且不同被试对同一视频内容的响应具有一致性。[11, 28] 网络稳定性（stability）是衡量网络系统的重要参数。为了验证采集的视频刺激 fMRI 数据中的多人脑功能响应的一致性，以视觉网络为测试平台，研究了不同被试在观看同一段视频时的视觉网络系统的稳定性。所研究的视觉网络包含 8 个节点，即左右半脑的 V1、V2、MT 和 MST 区。

定义视觉网络的功能连接矩阵为 C（G），根据复杂网络研究的相关定义，[32] 其所对应的邻接矩阵 A（G）为：

$$A(i,j)=\begin{cases} 0 & if\ i=j \\ \sum_j C(i,j) & if\ i\neq j \end{cases} \tag{1}$$

记 $d(v)=\sum_u A(u,v)$ 为网络节点的度，G 所对应的归一化 Laplacian 矩阵 L（G）可根据下式计算：

$$L(i,j)=\begin{cases}1 & if\ i=j \\ -\dfrac{A(i,j)}{\sqrt{d_i d_j}} & if\ i \neq j\end{cases} \qquad （2）$$

L（G）的第二小特征值 λ_2 在刻画网络系统 G 的特性方面具有特殊的意义，对应着其稳定性，并且在一系列网络系统的难点问题研究中得到应用。[33] 在此，利用 λ_2 来研究不同被试的视觉网络在视频内容理解过程中功能响应的一致性。图 9 为四个被试的视觉网络在理解同一段视频内容时的 λ_2。从图中可以看出，四个被试的 λ_2 曲线虽然存在一定的局部差异，但是他们在整体方面具有较高的相似性，如图中的虚线框所示。上述试验结果验证了所采集的 fMRI 数据所量化的大脑功能网络响应，在不同的被试中具有良好的稳定性和可重复性。

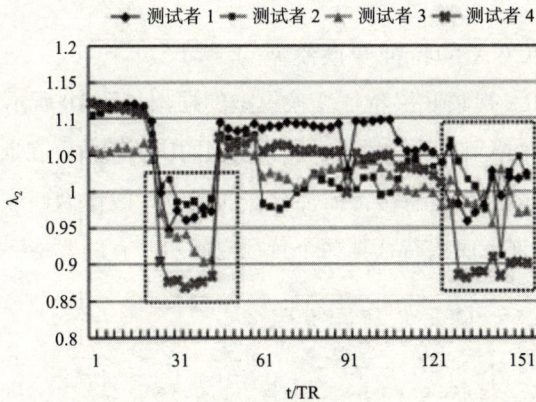

图 9　四个被试对于同一个视频刺激的 λ_2 曲线

2.1.5　视频内容的脑功能响应特征构建

理想情况下，从多个被试的脑功能网络连接矩阵所提取的视频内容的脑功能特征具有更高的推广能力。为了达到这个目标，需要选择的脑功能网络连接模式不仅具有良好的分辨能力，还需要较高的多人一致性。然而，获取多人一致性的脑功能连接特征仍然是神经科学领域一个难点问题。基于前述已验证的脑功能响应特征在多个被试中的一致性（λ_2 曲线），仅从一个被试的视频刺激 fMRI 数据提取视频内容理解的脑功能特征。

给定一个视频样本，其对应的脑功能网络连接矩阵中具有较高分辨能力的元素，均作为该视频所对应的脑功能响应特征（f）的备选，即：

$$f = \left\{ c_{ij} \mid p_{ij} \leq T, c_{ij} \in C, p_{ij} \in P, i \leq i \leq 30, i+1 \leq j \leq 30 \right\} \tag{3}$$

其中，p_{ij} 是图 9 中所示的 *t-test* 假设检验的 *p-value*。T 为给定的阈值，用于根据脑功能连接矩阵中元素的分辨能力来调整 f 的维度。考虑到脑功能连接矩阵的对称性，仅仅考虑了其下三角的元素。

2.2　基于 CCA 的特征变换模型的学习

基于 CCA 视频底层特征变换模型的框架如图 10 所示。图中虚线左侧的部分为模型训练阶段，右侧为模型的应用阶段。在训练阶段，利用底层特征和脑功能响应特征都存在的视频片段作为训练样本，通过 CCA 分析，训练底层特征至两个特征空间所共有的典型特征空间的变

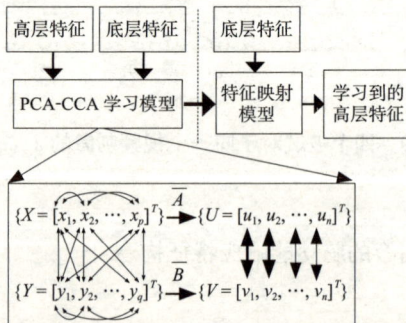

图 10　特征映射模型的系统框图。基于 PCA-CCA 的视频底层特征变换模型的框架。图中虚线左边为模型训练，右边为模型应用。

换模型。在典型空间中，变换后的底层特征对视频内容的描述更接近与脑功能响应特征。在应用阶段，利用学习到的特征变换模型，即可为不存在脑功能响应特征的视频样本，将其底层特征变换之典型特征空间，获取其更接近人脑理解的特征表达。

典型相关分析（canonical correlation analysis，CCA）是一种利用综合变量对之间的相关关系来反映两组指标之间的整体相关性的多元统计分析方法。[34] 它的基本原理是：为了从总体上把握两组指标之间的相关关系，分别在两组变量中提取有代表性的两个综合变量 U1 和 V1（分别为两个变量组中各变量的线性组合），利用这两个综合变量之间的相关关系来反映两组指标之间的整体相关性。

给定两组变量

$$\left\{ X = [x_1, x_2, \cdots, x_p]^T \right\} \text{ 和 } \left\{ Y = [y_1, y_2, \cdots, y_q]^T \right\} \tag{4}$$

CCA 分析将试图寻找典型变量 u_i 和 v_i，使得 u_i 和 v_i 之间的相关性最大，从而研究 X 和 Y 之间的相关性结构。其中典型变量 u_i 和 v_i 分别是 X 和 Y 的线性组合：

$$u_i = X^T A_i \text{ 和 } v_i = Y^T B_i \tag{5}$$

即选择权向量 A_i 和 B_i，使 u_i 和 v_i 之间的相关系数 $corr(u_i, v_i)$ 达到最大。

根据式（5），u_i 和 v_i 之间的相关系数 ρ_i 定义为：

$$\rho_i = corr(u_i, v_i) = \frac{E[u_i v_i]}{\sqrt{E[u_i^2]E[v_i^2]}} = \frac{E[A^T XY^T B]}{\sqrt{E[A^T XX^T A]E[B^T YY^T B]}} \tag{6}$$

可简化为：

$$\rho_i = \frac{A_i^T C_{XY} B_i}{\sqrt{A_i^T C_{XX} A_i B_i^T C_{YY} B_i}} \tag{7}$$

式（7）中 C_{XX} 和 C_{YY} 分别为 X 和 Y 的自协方差矩阵，C_{XY} 为 X 与 Y 的互协方差矩阵。为了令式（7）的值达到最大，求 ρ_i 对 A_i 的偏导：

$$\frac{\partial \rho_i}{\partial A_i} = \frac{(A_i^T C_{XX} A_i B_i^T C_{YY} B_i)^{1/2} C_{XY} B_i}{A_i^T C_{XX} A_i B_i^T C_{YY} B_i} - \frac{A_i^T C_{XY} B_i (A_i^T C_{XX} A_i B_i^T C_{YY} B_i)^{-1/2} C_{XX} A_i B_i^T C_{YY} B_i}{A^T C_{XX} A B^T C_{YY} B}$$

$$= (A_i^T C_{XX} A_i B_i^T C_{YY} B_i)^{-1/2} (C_{XY} B_i - \frac{A_i^T C_{XY} B_i}{A_i^T C_{XX} A_i} C_{XX} A_i)$$

（8）

令偏导 $\frac{\partial \rho_i}{\partial A_i} = 0$，即可求得：

$$C_{XY} B_i = \frac{A_i^T C_{XY} B_i}{A_i^T C_{XX} A_i} C_{XX} A_i$$

（9）

同样的，求 ρ_i 对 B_i 的偏导并令其为 0，可得：

$$C_{YX} A_i = \frac{B_i^T C_{YX} A_i}{B_i^T C_{YY} B_i} C_{YY} B_i$$

（10）

联立式（9）和（10），得到：

$$\begin{cases} C_{XX}^{-1} C_{XY} C_{YY}^{-1} C_{YX} A_i = \rho^2 A_i \\ C_{YY}^{-1} C_{YX} C_{XX}^{-1} C_{XY} B_i = \rho^2 B_i \end{cases}$$

（11）

其中 $A_i = C_{XX}^{-1/2} e_x^i$，$B_i = C_{YY}^{-1/2} e_y^i$。

式（11）可化为：

$$\begin{cases} C_{XX}^{-1/2} C_{XY} C_{YY}^{-1} C_{YX} C_{XX}^{-1/2} e_x = \rho_i^2 e_x^i \\ C_{YY}^{-1/2} C_{YX} C_{XX}^{-1} C_{XY} C_{YY}^{-1/2} e_y = \rho_i^2 e_y^i \end{cases}$$

（12）

$C_{XX}^{-1/2}$ 的计算方法如下：首先，将 C_{XX} 对角化，即 $C_{XX} = P \Lambda P^T$。然后将 C_{XX}^m 定义为 $P \Lambda^m P^T$，类似的将 $R_{YY}^{-1/2}$ 定义为 $C_{XX}^{-1/2} = P \Lambda^{-1/2} P^T$。$C_{YY}^{-1/2}$ 的定义方法也一样。假定 X 和 Y 分别有 p 和 q 个变量，不失一般性可设 $p \leq q$。

根据样本数据计算下列协方差矩阵：

$$C_{XX}=\text{cov}(X, X), \quad C_{YY}=\text{cov}(Y, Y), \quad C_{XY}=\text{cov}(X, Y), \quad C_{YX}=C_{XY} \tag{13}$$

C_{XX}，C_{YY} 和 C_{XY} 分别为 $p \times p$，$q \times q$ 和 $p \times p$ 的矩阵。CCA 算法要求 C_{XX} 和 C_{YY} 必须是满秩且可以被对角化的矩阵。CCA 算法包括以下三个步骤：

步骤 1：对角化矩阵 $C_{XX} = P_X \Lambda_X P_X^T$ 和 $C_{YY} = P_Y \Lambda_Y P_Y^T$，然后得到 $C_{XX}^{-1/2}$，$C_{YY}^{-1/2}$，$C_{XX}^{1/2}$ 和 $C_{YY}^{1/2}$；

步骤 2：求解特征值问题：

$$C_{XX}^{-1/2} C_{XY} C_{YY}^{-1/2} C_{YX} C_{XX}^{-1/2} e = \rho_i^2 e^i \tag{14}$$

步骤 3：得到典型相关变量。线性组合向量为：

$$A_i = C_{XX}^{-1/2} e^i, \quad B_i = \frac{1}{\rho_i} C_{YY}^{-1} C_{YX} C_{XX}^{-1/2} A_i \tag{15}$$

则典型变量为：

$$u_i = XA_i^T \text{和} v_i = YB_i^T \tag{16}$$

记 $\bar{A} = [A_1, A_2, \cdots, A_n]$ 和 $\bar{B} = [B_1, B_2, \cdots, B_n]$，相应的典型变量为 $U=[u_1, u_2, \cdots, u_n]^T$ 和 $V=[v_1, v_2, \cdots, v_n]^T$。

由于 CCA 要求 X 和 Y 的协相关矩阵 C_{XX} 和 C_{YY} 为非奇异矩阵，即 X 和 Y 中的变量相互独立，然而，实际情况中这一要求难以满足。因此，在 CCA 之前，先利用主成分分析分析去除 X 和 Y 中变量的相关性，即：

$$X=E_X \cdot \beta_X \quad 和 \quad Y=E_Y \cdot \beta_Y \qquad\qquad （17）$$

其中 β_X 和 E_X 为重建系数，E_X 和 E_Y 分别为 X 和 Y 的特征向量矩阵。利用上述 CCA 分析模型对 β_Y 和 β_Y 进行分析，以得到典型相关变换矩阵 $\overline{A}$ 和 $\overline{B}$。

X 和 Y 分别对应着视频样本的脑功能响应特征和底层特征。因此，典型相关变换矩阵 $\overline{B}$ 即为学习到的视频底层特征变换模型，而典型变量 $V=[v_1, v_2, \cdots, v_n]^T$ 即为视频底层特征在典型空间的表达，亦即变换后的视频底层特征。实际应用中，可以根据相关程度，选择 V 中相关性最高的前 k 个典型变量作为视频在典型空间的特征表达。

2.3 视频分类实验设计

采用视频分类这一应用来衡量所介绍的脑功能引导的视频底层特征变换模型的有效性。针对运动、天气预报和广告三类视频片段，设计了三组二分类问题，即运动—天气预报（S-W）、运动—广告（S-C）和天气预报—广告（W-C）。测试数据库中的样本同样选自 TRECVID 2005 数据库，其中包括运动类视频片段 561 个，天气预报类视频片段 603 个，广告类视频片段 612 个。

计算机视觉领域为描述视频内容提供了众多的底层特征。一般情况下，视频的底层特征从视频的关键帧提取。TRECVID2005 给出了每段视频所对应的关键帧。根据文献[35]，颜色直方图（color histogram）、颜色相关图（color correlogram）、颜色距（color moment）、纹理共生（Co-occurrence textures）、小波纹理（wavelet textures grid）和边缘直方图（edge histogram）在视频搜索及视频内容建模方面具有突出的性能。在本文的研究中，我们采用颜色相关图、小波纹理特征以及运动能量（motion energy）分别描述视频的颜色、纹理和运动特征。

其中，在 HSV 颜色空间中计算颜色相关直方图，H 和 S 颜色轴分别被均匀的划分为 18 和 8 个部分，得到的颜色相关直方图为 144 维向

量[36]。纹理特征为 18- 维特征向量[37]。运动特征为 10-bin 直方图描述
的运动能量分布[38]。综上所述，视频片段的底层特征为 172 维的特征
向量。

对于测试数据库中的视频片段，不存在相对应的 fMRI 数据，因
此无法得到其高层语义特征。我们采用 CCA 分析中训练得到的变换矩
阵 $\overline{B}$ 将其底层特征映射至典型特征空间，得到视频在典型空间的特征
表达。

对于上述三个二分类问题，分别采用底层特征、从 fMRI 数据提取
的脑功能响应特征和经过特征变换得到的典型特征作为为描述视频的特
征向量训练分类器。采用四种方法来训练分类器，包括 k-means、K 近
邻（KNN）[39]、模糊 KNN（Fussy KNN，fKNN）[40] 和支持向量机（support
vector machine，SVM）[41]。在 KNN 和 fKNN 方法中，近邻数目的取值
为 7。在 SVM 方法中，采用径向基函数（radial basis function，RBF）。
训练中采用 n-fold 交叉验证和常用的网格搜索的方法确定 SVM 分类器
最优参数。实验中 n 的取值为 4。

2.4　实验结果与分析

2.4.1　基于底层特征的视频分类

在利用底层特征训练分类器的过程中，将上述测试数据库中的样本
随机平均分成两组，一组用作训练样本，一组用作测试样本。上述实验
步骤共重复 20 次，每次独立计算分类准确率。准确率为正确分类的样
本的个数与样本总数的比值。总体实验结果以均值 ± 方差的形式报告。
三个二分类问题在测试阶段的准确率如表 2 所示。从表 2 可以看出，基
于底层特征的视频分类准确率相对较低。分类准确率最高的 SVM 分类
器也只能达到 70% 左右。说明仅利用底层特征训练得到的分类器的推
广能力很差，也表明底层特征无法有效地描述视频片段的语义信息。

表 2　基于底层特征的视频分类准确率

Class Rate (%)	S-W	S-C	W-C
k-means	69.30 ± 2.25	59.27 ± 8.36	66.84 ± 1.89
KNN	70.59 ± 2.14	62.61 ± 1.95	68.42 ± 1.64
fKNN	69.12 ± 2.11	62.23 ± 1.93	67.59 ± 1.77
SVM	73.70 ± 2.09	69.31 ± 2.34	73.60 ± 1.63

2.4.2　基于脑功能特征的视频分类

鉴于存在脑功能特征的视频样本的数目较少，在基于脑功能特征的视频分类实验中，采用留一法（leave-one-out）策略来衡量分类器的性能。同样，由于较少的训练样本，限制了脑功能响应特征的维度。选择的脑功能特征的维度根据公式（3）中的 p-value 阈值 T 来控制。具体的，脑功能特征的维度为 5—15，即选择脑功能响应矩阵中最具分辨能力的前 5—15 个元素组成视频内容的脑功能特征向量。

基于脑功能特征的视频分类准确率如图 11 所示。其中，S-W 分类准确率在 85% 左右，S-C 分类准确率在 90% 左右，而 W-C 分类准确率在 85% 左右。相比于 S-W 和 W-C，S-C 分类准确率更高。这个实验结果与图 8 中的 p 值的分布保持一致，即脑功能特征在 S-C 视频内容区分方面具有最高的分辨能力，在 S-W 中次之，而在 W-C 中最低。图 11

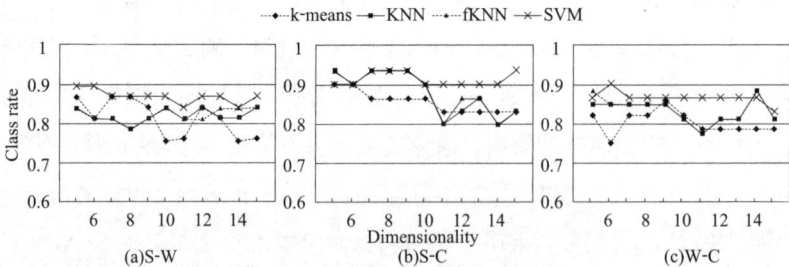

图 11　脑功能特征在 3 个二分类问题中的留一法准确率。(a), (b) 和 (c) 分别为 S-W, S-C 和 W-C 二分类实验。x 轴为脑功能特征的维度，y 轴为分类准确率。

也显示当脑功能特征的维度在 5—15 之间变化时，分类器的性能比较稳定。实验结果表明，与底层特征相比，脑功能特征能显著地提高视频分类的准确率，即脑功能特征能更有效地刻画视频的语义信息。

2.4.3　基于 PCA-CCA 特征映射的视频分类

利用脑功能特征训练的视频分类器的应用范围有限，原因在于绝大部分视频样本均不存在脑功能特征。因此，脑功能引导的视频底层特征变换模型得到的视频在典型空间的特征在视频分类中的效果，直接决定着本文所提出的脑功能引导的视频内容分类研究思路的有效与否。

在验证视频典型特征的实验中，公式（3）中的 p 值阈值 T 的取值为0.05。在这个阈值下，在 S-W、S-C 和 W-C 二分类问题中，脑功能特征向量的维度分别为 121、363 和 118。为了更好地衡量本文提出的特征变化模型的性能，我们将其与三种目前流行且得到广泛应用的特征变换方法进行了比较，包括 PCA[42]、LPP[43] 和 ISOMap[44]。在实验中，将各个模型变换得到的特征的维度在 5—20 之间进行调整。在每次的分类器训练和测试中，将测试数据库中的样本随机的平均划分为两组，一组用来训练，一组用来测试。同样的，k-means、KNN、fKNN 和 SVM 被用来训练不同类型的分类器，并测试其性能。分类器的训练和测试过程重复20 次，以均值 ± 方差的形式报告实验结果，如图 12 所示。为了便于观察，图中针对 ISOMap 和 PCA 方法仅显示了其准确率的下方差柱，而针对 LPP 和 PCA-CCA 方法仅显示了其准确率的上方差柱。从图中可以看出，本文所介绍的 PCA-CCA 方法的性能优于 PCA、LPP 和 ISOMap。总体上，通过 PCA、LPP 和 ISOMap 变换后的底层特征与变换之前的底层特征在三个二分类问题中的性能相当，然而，PCA-CCA 方法能显著的提高视频分类的准确率。具体的，在 S-W、S-C 和 W-C 三个二分类问题中的准确率分别能够提高 4%—11%、8%—13% 及 5%—9%。同样值得注意的是，利用 PCA-CCA 模型得到的典型特征对应的准确率在多次重复实验中比较稳定，变化相对较小。上述实验结果证明了利用 fMRI 数据从视频的底层特征提取高层语义特征方法的有效性。

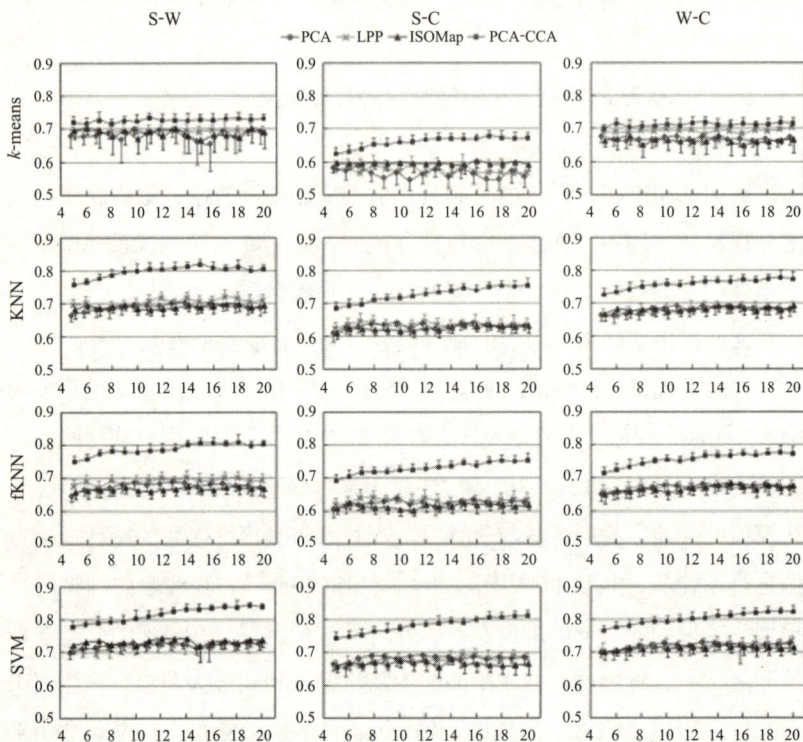

图 12　PCA、LPP、ISOMap 以及本文介绍的 PCA-CCA 特征变化模型在视频分类中的性能比较。从左至右的三列分别为 S-W、S-C 和 W-C 二分类问题。从上至下的四行分别对应着 k-means、KNN、fKNN 和 SVM 分类器。在每个子图中，x 轴为变换后特征的维度，y 轴为分类准确率。为便于观察，对于 LPP 和 PCA-CCA，仅显示了其对应的分类准确率的上方差柱，而对于 PCA 和 ISOMap 仅显示了其对应的分类准确率的下方差柱。

3 DICCCOL 系统引导的视频检索

总体思路上，前面介绍的基于典型相关分析的特征变换方法属于一种隐式的学习方法。除此之外，我们介绍一种"显示的预测＋融合"的新方法。其基本假设是：视频的脑功能响应特征虽然总体上能更好地描述视频内容的语义，然而其中也可能存在着噪声，因此融合视频的底层特征与脑功能响应特征能综合利用两者各自的优势，取长补短，更进一步提高视频内容分析的效果。"显示的预测＋融合"方法的基本思路是：基于视频底层特征与脑功能特征之间的相关性，利用高斯过程回归算法，从视频的底层特征预测相对应的脑功能响应特征；然后利用特征融合算法，融合底层特征和预测的脑功能响应特征，在融合的特征空间进行视频分析。本文以视频检索为一个测试及应用平台，验证该研究方案的有效性。其总体框架如图 13 所示。[46-48]

视频特征表达部分的基本任务是利用一定数量的训练样本作为视频刺激，采集被试在观看训练样本视频时的 fMRI 数据，并从中度量视频内容理解的脑功能响应特征。结合训练样本视频的底层特征和脑功能响应特征，利用高斯过程回归算法训练从视频底层特征预测脑功能响应特征的回归模型，以便利用学习到的回归模型，为不存在 fMRI 数据的视

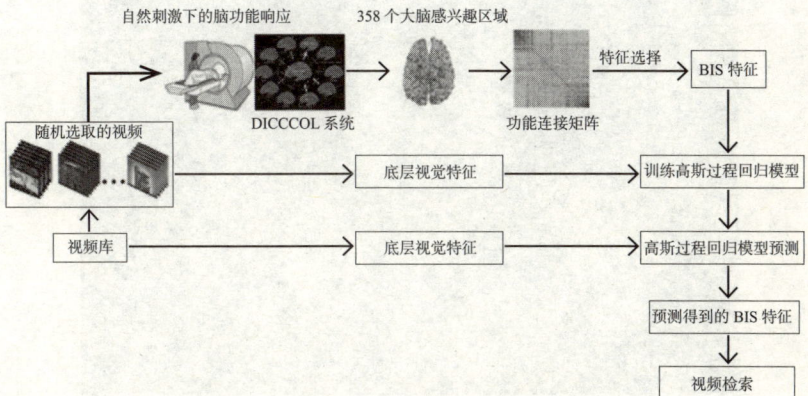

图 13 DICCCOL 系统引导视频检索系统框图

频样本根据其底层特征预测其脑功能响应特征。这样，对于每个视频样本，存在两组特征，即底层特征和脑功能响应特征。

3.1 基于 DICCCOL 系统的脑功能响应特征表达

3.1.1 DICCCOL 系统

考虑到视频内容理解是一个复杂的认知任务，其中可能涉及的更多的其他脑功能网络的功能区，如情感、视觉注意等脑功能网络。采取任务 fMRI 定位所有的脑功能网络并不全面，存在两个方面的问题。一方面，fMRI 数据采集成本较高，且比较费时，采用任务 fMRI 定位所有的脑功能区代价太高；另一方面，激活某些脑功能区的任务设计比较困难，无法保证所设计的任务能够激活所有的脑功能区。这里，我们选用了一种新的系统——DICCCOL 系统[50] 来进行节点定位，如图 14 所示。DICCCOL（Dense Individualize Common Connectivity-based Cortical

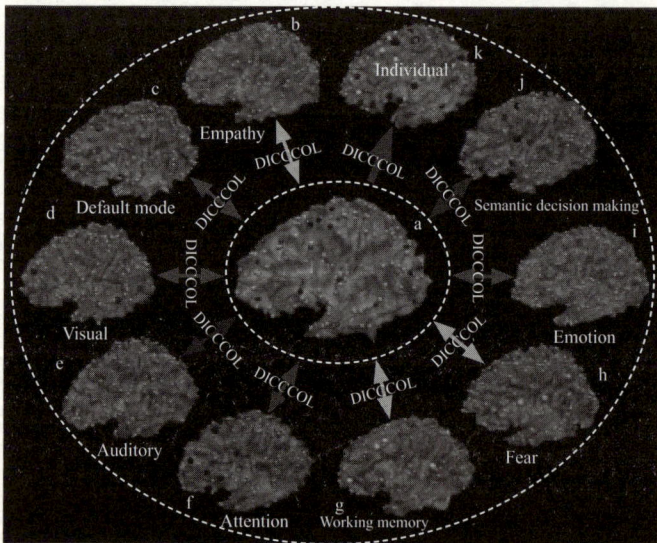

图 14　DICCCOL 其部分节点功能标记示意图

Landmarks）系统依据"连接决定功能"这一神经科学领域广为接受的基础理论，是一种精确定位的大脑皮层地表系统。DICCCOL 是大脑皮层结构与功能共有的组织体系，它在保证大脑网络节点在个体间一一对应关系的基础上，提供了高密度、个性化网络节点的精确定位，以及网络节点的功能标记。DICCCOL 系统定位了 358 个大脑的感兴趣区域（regions of interest，ROIs）。

与通过 T-fMRI 定位的 30 个 ROIs 相比，DICCCOL 系统的节点的功能解析度更高，且覆盖了整个大脑皮层。这里，对 30 个 ROIs 和 358 个 ROIs 所提取的脑功能成像特征进行了比较，随机挑选了一个测试者对 3 类共 51 个视频的大脑 30 个 ROIs 和 358 个 ROIs 的功能连接矩阵，然后对 3 类视频的功能连接矩阵两两之间进行 t 检验进行脑功能成像特征选择，并对三类视频两两之间进行分类，分类方法为 KNN 留一法。实验结果如图 15 所示，结果表明 358 个 ROIs 得到的脑功能成像特征分类能力更强。

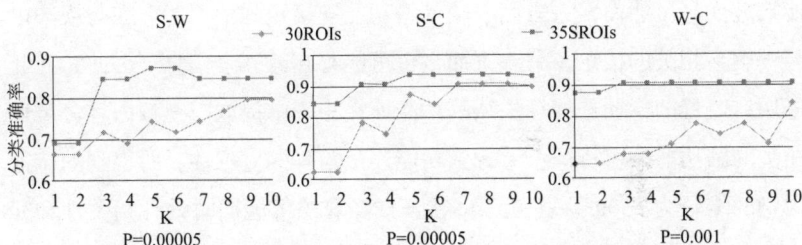

图 15　30 个 ROIs 与 DICCCOL 系统中 358 ROIs 分别提取的脑功能成像特征的 KNN 分类能力对比。横坐标表示 KNN 分类方法中 K 的取值范围，纵坐标表示分类准确率，S-W、S-C 和 W-C 分别表示三类视频两两之间进行的分类测试，S 表示运动视频，W 表示天气预报视频，C 表示商业广告视频。

3.1.2　脑功能成像特征提取

利用 DICCCOL 系统得到 358 个 ROIs 后，对单个个体的脑功能响应进行特征提取。对 358 个 ROIs 中每两个 ROIs 之间进行皮尔森相关系数计算，得到 358 × 358 大小的功能连接矩阵。如图 16 所示。

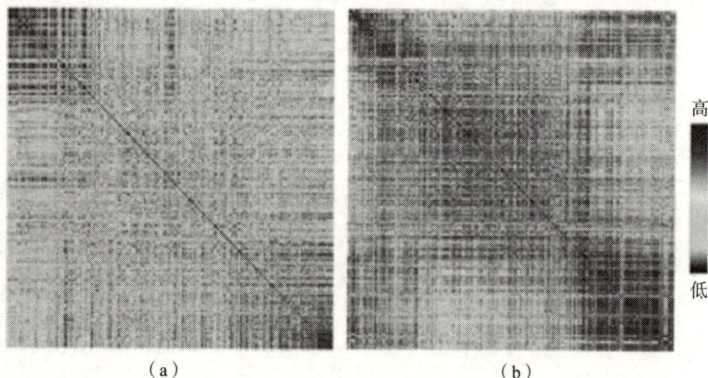

图 17　两个随机选取的 358 个 ROI 的功能连接矩阵，(a) 表示一个运动视频的功能连接矩阵; (b) 表示一个商业广告视频的功能连接矩阵

　　脑网络功能连接矩阵最大限度地保证了视频内容理解过程中的脑功能响应度量，然而，一方面，脑网络功能连接矩阵中可能存在与视频内容理解不相关的信息，另一方面，也可能存在着冗余信息。因此，在此采用有监督的特征选择算法从脑功能连接矩阵中提取与视频内容分类最相关的脑功能响应特征。考虑到功能连接矩阵的对称性，所得到的特征向量的维数为 63093。虽然某些特征选择算法等能同时处理相关性和冗余度两个方面的因素，但是由于视频内容理解的脑功能特征的维数过高，直接使用这类方法存在计算方面的困难，因此，采用两阶段的特征选择算法来实现脑功能特征的选择。在第一阶段，利用多因素方差分析中的 ANOVA 方法来对脑功能特征进行排序；在第二阶段，从排序后的特征中选择高相关性的特征子集，并利用 CFS 方法 [51] 来去除所选择特征子集中的信息冗余，得到最终的脑功能特征子集。

　　ANOVA 将每一维的特征视作独立变量，度量每一维特征与目标类别的相关性，进而对高维特征进行相关性排序。给定第 i 类的第 j 个样本的特征 f_{ij}，ANOVA 算法利用 F-test 假设检验来度量该维特征在多个类别中是否存在显著差异：

$$F = \frac{类间差异}{类内差异} \quad\quad (18)$$

$$类间差异 = \sum_{i=1}^{C} \sum_{j=1}^{D_i} \left(f_{ij} - E_i\right)^2 \quad\quad (19)$$

$$类内差异 = \sum_{i=1}^{C} D_i \left(E_i - \bar{E}\right)^2, \ \bar{E} = \frac{1}{C \cdot \sum_i D_i} \sum_{i=1}^{C} \sum_{j=1}^{D_i} f_{ij} \quad\quad (20)$$

C 为样本类别的数目，E_i 为第 i 类样本的特征均值，D_i 为第 i 类样本的数目。

ANOVA 虽然能实现各维特征的相关性排序，但是它无法处理所选择特征子集的信息冗余。在此，利用 ANOVA 对 63093 维特征根据其 p 值进行相关性排序后，将排序后的前 5000 维或者 $p<0.05$ 的特征子集作为待选特征集，再采用 CFS 来去除待选特征集中的信息冗余，得到最终的特征子集。CSF 是一种启发式特征选择算法，它同时考虑特征—类别相关性和特征—特征相关性，所期望的特征子集中所包含的特征与样本类别之间应具有很好的相关性，而特征维度之间的相关性应当较低。给定包含 k 维特征的特征集 S，它的 CFS 值可根据下式计算[50]：

$$Merit(S) = \frac{k \cdot \overline{\mathrm{Cor}(f, CL)}}{\sqrt{k + k(k-1)\overline{\mathrm{Cor}(f, f)}}} \quad\quad (21)$$

其中，$f \in S$，CL 为类标记。$\overline{\mathrm{Cor}(f, CL)}$ 和 $\overline{\mathrm{Cor}(f, f)}$ 分别为特征—类别相关性和特征—特征相关性的均值。根据文献[50]，通过贪婪搜索方法，当某一特征子集 S^* 使得式（21）达到最大值时，S^* 就被认为是最终选定的特征子集。

以上两步选择出来的 BIS 特征维数为 65 维，这 65 维特征共涉及大脑中 95 个 ROIs。表 3 给出了包含 ROIs 最多的前 10 个功能网络的名称，这些功能网络与视频理解非常相关，证明了单因素方差分析和 CFS 特征选择方法的有效性，同时也说明了 BIS 特征包含了与视频理解非常相关的高层语义特征。

表 3　DICCCOL 中与视频理解有关的大脑功能网络的分布

#	大脑网络名称	百分比
1	Attention	9.15%
2	Execution.speech	7.19%
3	Language.semantics	7.19%
4	Emotion	6.54%
5	Language.speech	6.54%
6	Memory.explicit	6.54%
7	Execution	4.58%
8	UGA.emotion	3.92%
9	Cognition	3.27%
10	Memory.working	3.27%

　　得到 BIS 特征后，对 BIS 特征进行 KNN 留一法分类，采用时下流行的 Bag of Words（BoW）[45] 作为底层视觉特征作为对比，BoW 特征的维数选取 65 维，200 维，300 维，采用 128 维的 SIFT[52] 作为描述子。分类实验在 51 个视频的 BIS 和 BoW 上进行，计算 51 个视频的平均分

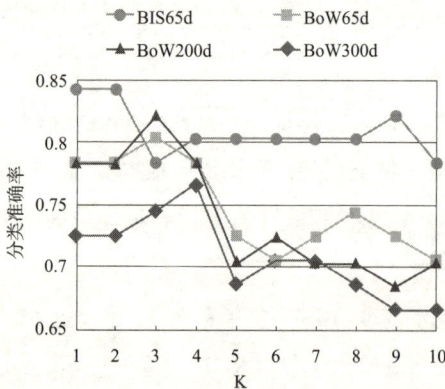

图 18　51 个视频的 BIS 特征和 BoW 特征分类对比结果

类准确率，结果如图 18 所示。从图中可以看出 BIS 特征具有更高的分类准确率。

3.2 基于高斯过程回归的 BIS 特征预测

利用高斯过程回归算法 [53, 54] 预测所有视频的 BIS 特征。该算法的主要流程为：首先，采用少量视频的 BIS 特征和 BoW 特征训练高斯过程回归模型，然后利用高斯过程回归模型将剩余视频的 BoW 特征映射到 BIS 空间，得到预测的 BIS 特征。我们选择双高斯过程回归算法 [53] 来实现了这一映射过程。双高斯过程回归算法的主要流程如下所示：

算法 基于双高斯过程回归的 BIS 特征预测

输入：N 个训练视频的 BoW 特征 $\mathbf{X}=(\mathbf{x}_1, \mathbf{x}_2, \cdots, \mathbf{x}_N)$，其中 $\mathbf{X}_i=(x_{i,1}, x_{i,2}, \cdots, x_{i,d1})$；$N$ 个训练视频的 BIS 特征 $\mathbf{y}_i=(y_{i,1}, y_{i,2}, \ldots y_{i,d2})$，其中 $\mathbf{y}_i=(y_{i,1}, y_{i,2}, \cdots, y_{i,d2})$；用于测试的 BoW 特征 $\mathbf{X}_{N+1}$。

输出：预测得到的 BIS 特征 $\mathbf{y}_{N+1}$。

步骤 1：训练核矩阵 $\mathbf{K}_X$ 和 $\mathbf{K}_Y$，其中

$$(\mathbf{K}_X)_{i,j} = \phi(\mathbf{x}_i)^T \phi(\mathbf{x}_j) = K_X(\mathbf{x}_i, \mathbf{x}_j) = \exp(-\theta_x \|\mathbf{x}_i - \mathbf{x}_j\|^2) + \lambda_x \delta_{i,j}$$

$\theta_x \geq 0$ 表示核函数宽度参数；$\lambda_x \geq 0$ 表示噪声方差；$\delta_{i,j}$ 表示 Kronecker delta 函数。同理计算 $\mathbf{K}_Y$。

步骤 2：对于 $\mathbf{X}_{N+1}$，对下面的方程进行优化得到预测 $\mathbf{y}_{N+1}$[53]：

$$F(\mathbf{y}_{N+1}) = K_Y(\mathbf{y}_{N+1}, \mathbf{y}_{N+1}) - 2\mu^T \mathbf{K}_Y^{\mathbf{y}_{N+1}} - \nu \log[K_Y(\mathbf{y}_{N+1}, \mathbf{y}_{N+1}) - (\mathbf{K}_Y^{\mathbf{y}_{N+1}})^T \mathbf{K}_Y^{-1} \mathbf{K}_Y^{\mathbf{y}_{N+1}}]$$

其中，$\mu = \mathbf{K}_X^{-1} \mathbf{K}_X^{\mathbf{x}_{N+1}}$；$\nu = K_X(\mathbf{x}_{N+1}, \mathbf{x}_{N+1}) - (\mathbf{K}_X^{\mathbf{x}_{N+1}})^T \mathbf{K}_X^{-1} \mathbf{K}_X^{\mathbf{x}_{N+1}}$；$\mathbf{K}_X^{\mathbf{x}_{N+1}}$ 表示长度为 $N+1$ 的列向量，其元素为 $(\mathbf{K}_X^{\mathbf{x}_{N+1}})_i = K_X(\mathbf{x}_i, \mathbf{x}_{N+1})$；

返回：$\mathbf{y}_{N+1}$。

3.3 视频检索

通过高斯过程回归得到视频的 BIS 特征后，采用流形排序算法 [55]

对这些特征进行检索。流形排序算法比传统的基于欧式距离的检索算法更能反映数据的真实结构。该算法的主要思想是建立一个流形几何结构，在该结构中，一个点只和它相邻的点有直接连接，检索时赋给检索目标一个正值，然后通过流形几何结构得到所有点的排序分数，将所有点按照排序分数由高到低排列，得到检索结果，分数越高说明该点与检索目标越相似。首先利用 BIS 特征建立脑功能成像空间的视频流形几何结构，然后在该结构上进行视频检索。

3.3.1　建立脑功能成像空间的视频流形几何结构

定义视频的 BIS 特征为 $\mathbf{y}_i=(y_{i,1}, \cdots, y_{i,D})$，$i=1, 2, \cdots, N$，$N$ 表示视频的个数，D 表示 BIS 特征的维数，将 $\mathbf{y}_i$ 视为脑功能成像空间的一个点，构建几何结构如下：

（1）对每一个点 $\mathbf{y}_i$，找出与它欧式距离最近的 K 个点，并用一条边来连接该点和这 K 个点；

（2）计算近似矩阵 $\mathbf{M}$，如果点 $\mathbf{y}_i$ 和 $\mathbf{y}_j$ 之间有边连接，则计算 $\mathbf{M}_{i,j} = \prod_{}^{D} \exp[-(y_{i,n} - y_{j,n})^2 / (2 \times \sigma^2)]$，$\mathbf{M}_{i,i}=0$，其中 $\sigma=3$；

重复上述过程，直到几何结构建立完成。在该结构中，点与点之间的最近距离不是欧式距离，而变成了测地线距离。

3.3.2　利用流形排序算法进行视频检索

在建立了流形几何结构后，利用流形排序算法进行视频检索，具体算法如下：

算法 利用流形排序算法对视频进行检索

输入：检索目标 q 和建立好的视频流形几何结构；

输出：排序分数向量 $\mathbf{r}=(r_1, \cdots, r_N)$，其中 r_i 表示第 i 个视频相对于检索目标的排序分数。

步骤 1：利用公式 $\mathbf{U}=\mathbf{P}^{-1/2}\mathbf{M}\mathbf{P}^{-1/2}$ 对上节中的相似矩阵 $\mathbf{M}$ 进行标准化，其中 $\mathbf{P}$ 为对角线矩阵，其元素为 $\mathbf{P}_{i,i}=\sum_j\mathbf{M}_{i,j}$；

步骤 2：利用公式 $\mathbf{r}=\beta(1-\alpha\mathbf{U})^{-1}\mathbf{L}$ 计算所有点的排序分数。其中 $\beta=1-\alpha$，$\mathbf{L}=[l_1, \cdots, l_N]^T$ 为查询向量，如果第 i 个视频为检索目标，则 $l_i=1$；否则 $l_i=0$。其中，$\alpha=0.99$；

返回：$\mathbf{r}=(r_1, \cdots, r_N)$。

实验中 BIS 特征由高斯过程回归模型得到。将每个视频的 BIS 特征作为一次检索目标利用流形排序算法进行检索，在得到的排序结果中统计前 5、10、15 和 20 个视频中与检索目标属于同一类的视频所占的百分比。对 1256 次检索结果的准确率进行平均，得到平均检索准确率，结果如图 19 所示。作为对比，用视频底层特征进行了同样的检索实验，得到检索准确率，这些底层特征分别是 65 维、200 维和 300 维 BoW 特征以及 SURF+BoW+GIST+STIP 特征。[56-59] 从图 19 中可以看出 BIS 特征的检索准确率高于底层特征，说明了经过脑功能引导的视频检索可以提高现有多媒体分析的准确率。图 20 给出了一个检索实例，从运动、天气预报和商业广告视频中选取了一个视频作为检索目标，分别利用该视频的 BIS 特征和 BoW 特征进行检索，将检索结果中分数最高的前 10 个视频显示在图中。从图 20 中可以看出 BIS 特征的检索准确率高于 BoW 特征，并且 BIS 特征的检索结果可以将视觉上存在显著差异但是却属于同一类别的视频检索出来（如商业广告的检索实例），说明了 BIS 特征可以捕获脑功能响应中的语义特征，显示出利用脑功能响应引导多媒体检索的独特之处。

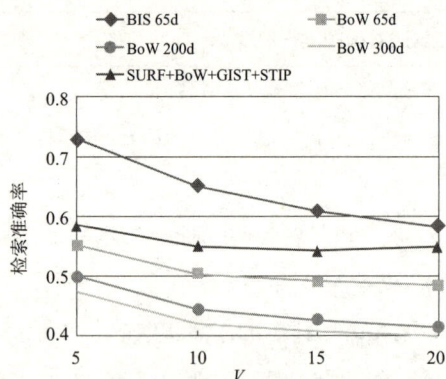

图 19　BIS 特征与底层特征检索准确率结果对比

4　总结与讨论

本文介绍了脑功能在引导多媒体分析上的工作，在脑功能响应信号量化方面，主要介绍了基于 T-fMRI、N-fMRI 的特征提取工作，和基于 DICCCOL 系统的脑功能成像特征提取工作；在脑功能响应引导多媒体分析机制方面，主要介绍了 PCA-CCA 和高斯过程回归算法。对于这两方面的内容我们分别在脑功能响应引导视频分类和检索两个具体案例中进行了阐述。这两个案例的实验结果说明，由于脑功能响应中包含高层语义特征，使得视频分类和检索的准确率比传统的基于底层特征方法都有了较大的提高，同时为解决"语义鸿沟"问题带来了希望。

5　致谢

本文中的部分内容来自我们已经发表的论文 [26, 27, 46, 47, 48, 50]。在此，对这些论文中的同事和合作者表示感谢。我们的研究工作受到如下基金资助：中国国家自然科学基金 61005018、91120005、61273362 和 61103061 ；教育部新世纪人才支持项目 NCET-10-0079 及 NCET-13-

图 20　BIS 特征和 BoW 特征检索实例。从运动视频、天气预报和商业广告视频中选取一个视频作为检索目标（如图中左侧所示），分别用 BIS 特征和 BoW 特征进行检索，检索结果如图右方所示。其中黑框标注的视频为检索错误视频。

0247；中国博士后科学基金 20110490174 及 2012T50819。

参考文献

[1] Smeulders, W. M., Worring, M., Santini, S., et al. 2000. Content-based image retrieval at the end of the early years[J]. *IEEE Transactions on Pattern Analysis and Machine Intelligence*, vol. 22, no. 12: 1349–1380.

[2] Marr, D. 1982. *Vision: A Computational Investigation into the Human Representation and Processing of Visual Information*[M]. New York: Freeman.

[3] Itti, L., Koch, C. and Niebur, E. 1998. A model of saliency-based visual attention for rapid scene analysis[J]. *IEEE Trans. on Pattern Analysis and Machine Intelligence*, 20, 11: 1254–1259.

[4] Itti, L. and Koch, C. 2000. A saliency-based search mechanism for overt and covert shifts of visual attention[J]. *Vision Research*, 40: 10–12, 1489–1506.

[5] Lowe, D. G. 1999. Object recognition from local scale-invariant features[J]. *Proceedings of the International Conference on Computer Vision*, 2: 1150–1157.

[6] Fei-Fei, L. and Perona, P. 2005. A Bayesian hierarchical model for learning natural scene categories[J]. *IEEE Computer Society Conference on Computer Vision and Pattern Recognition*, Vol 2: 524–531.

[7] Lee, W., Huang, T., Yeh, S. and Chen, H. 2011. Learning-Based Prediction of Visual Attention for Video Signals[J]. *IEEE Trans. On Image Processing*, 20 (11): 3028–3038.

[8] Friston, K. J. 2009. Modalities, modes, and models in functional neuroimaging, *Science*, 326 (5951): 399–403.

[9] Biswal, B., Mennes, M., et al. 2010. Toward discovery science of human brain function[J]. *PNAS*, 107 (10): 4734–4739.

[10] Mitchell, T. M., Shinkareva, S.V., Carlson, A., et al. 2008. Predicting human brain activity associated with the meanings of nouns[J], *Science*, 320 (5880): 1191–1195.

[11] Hasson, U., Malach, R. and Heeger, D. J. 2010. Reliability of cortical activity during natural stimulation[J]. *Trends Cogn Sci*, 14 (1): 40−48.

[12] Hasson, U., Nir, Y., Levy I., et al. 2004. Intersubject synchronization of cortical activity during natural vision[J]. *Science*, 303 (5664): 1634−1640.

[13] Walther, D. B., Caddigan, E., Fei-Fei, L., et al. 2009. Natural Scene Categories Revealed in Distributed Patterns of Activity in the Human Brain[J]. *Journal of Neuroscience*, 29 (34): 10573−10581.

[14] Schippers, M. B., Roebroeck, A., Renken, R., et al. 2010. Mapping the information flow from one brain to another during gestural communication[J]. *PANS*, 107 (20): 9388−9393.

[15] Martin, A. and Chao, L. L. 2010. Semantic memory and the brain: structure and processes[J]. *Curr Opin Neurobiol*, 11 (2): 194−201.

[16] Lu, S., Liang, P., Yang, Y., et al. 2009. Recruitment of the pre-motor area in human inductive reasoning: An fMRI study[J]. *Cognitive Systems Research*, 11 (1): 74−80.

[17] Kapoor, A., Shenoy, P. and Tan, D. 2008. Combining brain computer interfaces with vision for object categorization[J]. *IEEE Conference on Computer Vision and Pattern Recognition*, 1 (12): 2150−2157.

[18] Gerson, A. D., Parra, L. C. and Sajda, P. 2006. Cortically coupled computer vision for rapid image search[J]. *IEEE Transactions on Neural Systems and Rehabilitation Engineering*, 14 (2): 174−179.

[19] Bigdely-Shamlo, N., Vankov, A., Ramirez, R. R., et al. 2008. Brain Activity-Based Image Classification From Rapid Serial Visual Presentation[J]. *IEEE Transactions on Neural Systems and Rehabilitation Engineering*, 16 (5): 432−441.

[20] Wang, J., Pohlmeyer, E., Hanna, B., et al. 2009. Brain state decoding for rapid image retrieval[J]. *Proceedings of the 2009 ACM Multimedia Conference, with Co-located Workshops and Symposiums*, 945−954.

[21] Kay, K., Naselaris, T., Prenger, R. and Gallant, J. 2008. Identifying natural images from human brain activity[J]. *Nature*, 452: 352−356.

[22] Miyawaki, Y., Uchida, H., et al. 2008. Visual image reconstruction from human brain activity using a combination of multiscale local image decoders[J]. *Neuron*, 60: 915–929.

[23] Sewards, T. V. 2010. Neural structures and mechanisms involved in scene recognition: A review and interpretation[J]. *Neuropsychologia*.

[24] Dudai, Y. 2008. Enslaving Central Executives: Toward A Brain Theory of Cinema[J]. *Projections*, 2, 2: 12–24.

[25] Faraco, C.C., Unsworth, N., Lagnely, J., et al. 2011. Complex span tasks and hippocampal recruitment during working memory[J]. *NeuroImage*, 55 (2): 773–787.

[26] Hu, X., Li, K., Deng, F., et al. 2010. Bridging Low-level Features and High-level Semantics via fMRI Brain Imaging for Video Classification[J]. *ACM Multimedia* 2010: 451–460.

[27] Hu, X., Li, K., Han, J., et al. 2012. Tianming Liu, Bridging the Semantic Gap via Functional Brain Imaging[J]. *IEEE Transactions on Multimedia*, 14 (2): 314–325.

[28] Hasson, U., Nir, Y., Levy, I., et al. 2004. Intersubject synchronization of cortical activity during natural vision[J]. *Science*, 303, 5664: 1634–1640.

[29] Smeaton, A. F., Over, P. and Kraaij, W. 2006. Evaluation campaigns and TRECVid[J]. *Proceedings of the ACM International Multimedia Conference and Exhibition*, 321–330.

[30] http://www.lscom.org/

[31] http://www.pstnet.com/

[32] Boccaletti, S., et al. 2006. Complex networks: Structure and dynamics[J]. *Physics Report*, 424: 175–308.

[33] Pasemann, F. 2002. Complex dynamics and the structure of small neural networks[J]. *Network*, 13, 2: 195–216.

[34] Hotelling. 1936. Relations between two sets of variates[J]. *Biometrika*, 28: 321–377.

[35] Amir, A., Argillander, J., Campbell, M., et al. 2005. IBM Research TRECVID-2005

Video Retrieval System[J]. in *NIST TRECVID* workshop Gaithersburg, MD.

[36] Huang, J., Kumar, S. R., Mitra, M., et al. 2007. Image indexing using color correlograms[J]. *Proceedings of the IEEE Computer Society Conference on Computer Vision and Pattern Recognition*, 762–768.

[37] Smith, J. R. and Chang, S.-F. 1996. Automated binary texture feature sets for image retrieval, ICASSP[J]. *IEEE International Conference on Acoustics, Speech and Signal Processing - Proceedings*, 2239–2242.

[38] Liu, T., Zhang, H. and Qi, F. 2002. Perceptual Frame Dropping in Adaptive Video Streaming[J]. in *IEEE International Symposium on Circuits and Systems*, Arizona, US.

[39] Hart, P. 1967. Nearest neighbor pattern clsssificaton[J]. *IEEE Trans. on Information Theory*, 13, 1: 21–27.

[40] Leller, J. M., Gray, M. R. and Givens, J. A. 1985. Fussy K-nearest neighbor algorithm[J]. *IEEE Trans. Syst. Man Cyber*, 15, 4: 580–584.

[41] Cortes, C. and Vapnik, V. 1995. Surrport-vector network[J]. *Machine learning*, 20: 273–297.

[42] Martinez, A. M. and Kak, A. C. 2001. PCA versus LDA[J]. *IEEE Transactions on Pattern Analysis and Machine Intelligence*, 23, 2: 228–233.

[43] He, X. F., Yan, S. C., Hu, Y. X., et al. 2005. Face recognition using Laplacianfaces[J]. *IEEE Transactions on Pattern Analysis and Machine Intelligence*, 27, 3: 328–340.

[44] Tenenbaum, J. B., de Silva, V. and Langford, J. C. 2000. A global geometric framework for nonlinear dimensionality reduction[J]. *Science*, 290, 5500: 2319–2323.

[45] Fei-Fei, L. and Perona, P. 2005. A Bayesian hierarchical model for learning natural scene categories[J]. *IEEE Computer Society Conference on Computer Vision and Pattern Recognition*, 2: 524–531.

[46] Ji, X., Han, J., Hu, X., et al. 2011. Retrieving Video Shots in Semantic Brain Imaging Space Using Manifold-Ranking[J]. *ICIP* 2011: 3633–3636.

[47] Jiang, X., Zhang, T., Hu, X., et al. 2012. Music/Speech Classification Using High-level Features Derived from fMRI Brain Imaging[J]. *ACM Multimedia*, 825−828.

[48] Han, J., Ji, X., Hu, X., et al. 2013. Representing and Retrieving Video Shots in Human-Centric Brain Imaging Space[J]. *IEEE Trans. on Image Processing*.

[49] Wig, G., et al. 2011. Concepts and Principles in the Analysis of Brain Networks[J]. *Ann N Y Acad Sci.*, 1226 (1): 51.

[50] Zhu, D., Li, K., Guo, L., et al. 2012. DICCCOL: Dense individualized and common connectivity-based cortical landmarks[J]. *Cerebral Cortex*.

[51] Hall, M. A. and Smith, L. A. 1999. Feature selection for machine learning: Comparing a correlation based filter approach to the wrapper.

[52] Lowe, D. 2014. Distinctive image features from scale-invariant keypoints[J]. *International Journal of Computer Vision*, 60 (2): 91−110.

[53] Bo, L. and Sminchisescu, C. 2010. Twin gaussian processes for structured prediction[J]. *International Journal of Computer Vision*, 87: 28−52.

[54] Rasmussen, C. E. 2006. C.K.I. Williams, *Gaussian Processes for Machine Learning*[M]. MIT Press.

[55] Zhou, D., Weston, J., Gretton, A., Bousquet, O. and Schölkopf, B. 2003. Ranking on data manifolds[J]. *in Proc. of NIPS*.

[56] Peng, Y., Ngo, C. and Xiao, J. 2007. OM-based video shot retrieval by one-to-one matching[J]. *Multimedia Tools and Applications*, 34: 249−266.

[57] Scott, D., Guo, J., Smeaton, A. 2011. TRECVid 2011 experiments at dublin city university[C]. *NIST TRECVID Workshop*.

[58] Cao, L., Chang, S., Codella, N., Cotton, C., Ellis, D., Gong, L., Hill, M., Hua, G., Kender, J., Merler, M., Mu, Y., Natsev, A., Smith, J. 2011. IBM research and columbia university TRECVID-2011 multimedia event detection (MED) system[C]. *NIST TRECVID Workshop*.

[59] Laptev, I. 2005. On space-time interest points[J]. *International Journal of Computer Vision*, 64(2-3): 107−123.

[60] Martinez, A. M. and Kak, A. C. 2001. "PCA versus LDA," Ieee Transactions on Pattern Analysis and Machine Intelligence, 23, 2: 228–233.

[61] Femandez, G., de Greiff, A., von Oertzen, J., et al. 2001. "Language mapping in less than 15 minutes: real-time functional MRI during routine clinical investigation," *Neuroimage*, 14, 3: 585–594.

神经网络模型实验与语言认知
理论的互动[*]

徐以中[**]

1 引言

人类语言的理解和产生，看似一项简单自然的活动，实则是一项非常复杂的过程。在言语理解中，当听到一段话语时，要把语流加以切分，分出语段、短语、单词、音节甚至音素等单位，再通过领悟语句的语调结构和词语的含义来辨识语句的意义。在言语产生中，需要呼吸系统、喉部系统和声道系统的协同作用。通常，研究者会把言语产生分为如下几个阶段：表述动机、语义初迹、内部言语、外部言语（语音实现）。人理解语言和产生语言，分别包括各种不同形式的集成作用和集成过程（唐孝威 2011:31）。[19] 可见，要想真正揭示语言产生和理解过程的本质，单靠语言学上的理论推导或者认知神经科学的实验，这样的任何一个单一的方法，都难以真正奏效。在探索语言与心智奥秘的各种方法中，利用神经网络模拟实验与语言认知理论上交叉互动，对揭示语言的认知心理机制有着重要的作用。

《IBM 的奥秘》里有一句话，"计算机可以实现人类所有的梦想"。

---

[*] 基金项目:江苏省社科基金（15YYB002）、中央高校基本科研业务费专项资金资助（NR2017008），谨致谢忱。

[**] 徐以中，南京航空航天大学外国语学院教授。

事实上自第一台计算机于 20 世纪 40 年代诞生以来，到目前为止计算机的发展的确已远远超出人们的想象。但另一方面就基本原理而言今天的计算机同几十年前的计算机其实并无两样，仅仅是时空性能有较大的差别而已（周昌乐，2003: 7）。[22] 它们都是基于符号主义*的方法。该方法具有以下特点:（1）信息处理方式是集中串行的;（2）存储内容和存储地址不相关;（3）缺乏主动学习能力和自适应能力。

随着应用需求的不断发展，计算机在模式识别、自然语言处理、系统仿真建模、心智计算、优化计算、自动控制等领域日益遇到新的挑战（Montesi 1996）。[7] 面对众多机器难以解决的问题，人脑在这些方面则显示出巨大的优势。那么人脑为什么具有如此重要的功能? 人脑处理这些复杂问题的机理又是怎样的?

神经科学的研究表明，人脑的各种认知功能是由神经细胞集群构成的多级神经环路完成的。其中微环路是由突触组成的最初级形式，在此基础上再形成更高级的局部环路，这样逐级扩展，直到一个脑区、脑叶和整个脑。可见人脑的神经系统实际上是一个由神经元及其突触连接等构成的一张巨大无比的复杂网络。正是由于存在这样的网络，人脑才能够有效地处理诸如模式识别、自然语言加工等高级认知活动。

仿照人脑认知过程中神经元活动的非线性动力学特征，科学家们研究出一种复杂的人工神经元网络系统（ANN, Artificial Neural Networks**）（Parisi D. 1997）。[9] 这种网络模型在处理自然语言加工、模式识别、心智计算等方面显示了一定的优越性。具体表现在:（1）神经元具有多输入—单输出特性;（2）信息的分布式存储模式;（3）并行结构和并行信息处理机制;（4）具有一定联想性，可以利用部分属性来进

---

* "符号主义（sybolism）"与"逻辑主义""逻辑符号主义""线性加工模型"等说法具有相同的内涵。

** "人工神经网络（ANN）"与"神经网络""联结主义"（或"连接主义"）、"并行分布加工模式（Parallel distributed processing）"（Brown 1997:213; Wright and Ahmad 1997: 367; 王初明 2001；沈家煊 2004）等的核心思想是一致的。

行回忆;（5）自组织、自适应、自学习的特点;（6）具有一定的鲁棒性和抗干扰性，即使输入有误，系统也会发生作用。

2 神经网络模型基本原理及其对语言认知机制模拟实现

2.1 BP 网络模型的工作原理

现代意义上对神经网络的研究一般认为是从 1943 年美国芝加哥大学的生理学家 W.S.McCulloch 和 W.A.Pitts 提出的 MP 神经元模型开始的。此后研究者根据人脑神经元处理信息的原理建立了各种神经网络模型，其中比较流行并被广泛应用的是 BP 网络模型和 Hopfield 神经网络模型[*]。BP 网络是最基本的网络，下面着重介绍 BP 网络模型。

BP（Back-Propagation）网络是一种误差反向传播的多层前馈式网络。它的拓扑结构如下图所示：

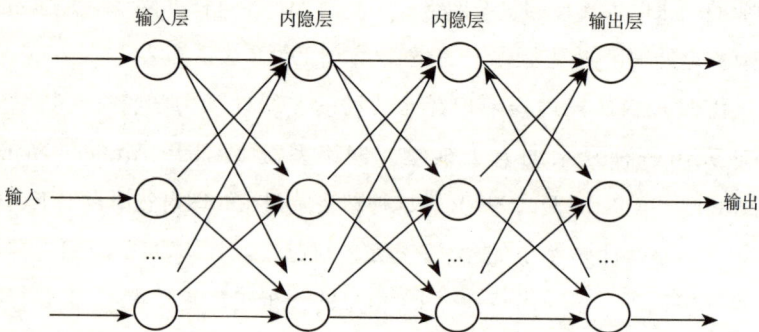

图 1 BP 网络原理

这种类型的网络由一个输入层、一个或多个隐层以及一个输出层

---

[*] Hopfield 模型（Hopfield neural network）以擅长解决复杂系统组合优化问题（比如 TSP 问题，traveling Seller Problem）而著名。

组成，其特点就在于它不仅含有输入输出节点，而且含有一层或多层隐节点，这些隐节点组成了已习得的可调节输入和输出的内部表征（Banich & Mack 2002:143）。[1]当信息输入时，输入的信息送到输入节点，经过输入层神经元连接权值的处理传播到隐节点，在隐节点经过作用函数运算后，送到输出层，在输出层得到输出值让其与期望的输出进行比较，若有误差，则将误差信号沿原来的神经元连接通路反向传播，逐层修改各节点神经元连接的权值，这种过程不断反复，直到输出满足要求为止＊。

2.2　语言的心理表征与 BP 网络模型

在自然语言处理中，神经网络模型比符号主义方法更加接近人脑处理语言时的实际心理加工机制。我们首先以单词的语义表征为例来说明 BP 神经网络模型的优势，并比较它和经典的语义网络模型的异同。

认知心理学认为，语言知识在人脑中有两种表征方式：一是序列加工模型，另一种是神经网络模型。序列加工模型中的语义网络模型比较容易和神经网络模型相混淆。事实上它们的区别很明显。在语义网络模型中，每一个结点代表一个物体或一个概念，结点之间的联结代表它们之间的关系。在神经网络模型中，对一个物体或概念的表征是分布式的，即每个结点表征了物体或概念的一个微特征（Schnitzer & Pedreira 2005:37）。[12]试比较下列两图的差别：

在语义网络模型中（图 2），每个人对"狗"所了解的知识的不同，各个结点所保存的信息量也不同，但任何一个特定的"狗"的结点被激活，都将向上扩散到类型结点，即"狗"这个层次的最高结点。在神经

＊ 构建出具体神经网络后并不能直接应用，要想用它来完成某项特定任务还需对网络进行训练。此时，首先要向网络提供一些训练实例数据，训练过程就是通过不断调整输出与期望输出的符合程度，经过训练后，神经网络的权值矩阵将达到一组最佳值。这样的神经网络再经过实际运用中的反馈修正就可以很好地完成所要求的任务了。

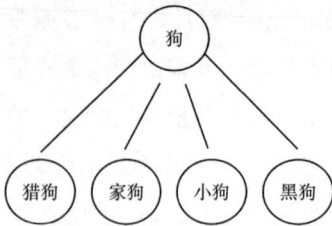

图2　语义网络模型　　　　图3　神经网络模型

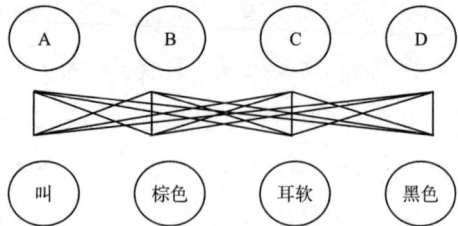

（参照 John B. Best 著，《认知心理学》，中国轻工业出版社，2000 年 P182）

网络模型中（图3），各个输入结点分别表示"狗"的"叫""棕色""耳软"和"黑色"等特征。在该模型中每个神经元只和认知对象的某一特征有关，如该特征出现，则该神经元就被激活，并且输入强度为 1。反之，则不被激活，输入强度为 0。下表是假设该神经网络模型的联结强度（余嘉元，2004）。[21]

表1　参照 John B. Best 著，《认知心理学》，中国轻工业出版社，2000 年，182

特征	联结强度			
叫	0.4	0.1	0.3	0.2
棕色	0.2	0.6	0.4	0.5
耳软	0.1	0.3	0.3	0.6
黑色	0.5	0.2	0.1	0.2
输出结点	A	B	C	D

在神经网络模型中，当某只具体的"狗"具有其中某些特征时，相应的结点就被激活，并且通过一定的加权传递到一个输出结点，输出结点则将收到的信息相加。于是每一个输出结点都有一个输出值，一组输出结点的输出值就是一个矢量，神经网络模型就用这个矢量来表示某只特定的狗。例如对于一只会"叫""软耳朵"的狗，它既不是"棕色"也不是"黑色"，那么它的输入就是 [1010]，这些输入通过各个联结权重传递到输出结点 A，得到：

$$A = (1 \times 0.4) + (0 \times 0.2) + (1 \times 0.1) + (0 \times 0.5) = 0.5$$

运用同样的方法可以得到 B = 0.4；C = 0.6；D = 0.8。于是就可以用矢量 [0.5 0.4 0.6 0.8] 来表示会"叫"的、"软耳朵"的狗。可见，在神经网络模型中不同的矢量表示不同的知识。这样，相似的概念就有了相似的表征，这一特点使得神经网络具有自适应性、联想性、一定的容错性和抗干扰性 *。

2.3 语言信息的计算加工与 BP 网络模型

2.3.1 音位水平的加工

在语言理解过程中，随时间变化的声音输入必须被投射成话语意义的稳定表征。这种加工过程对婴儿来说是个严重挑战，因为他接收到的语音信息由于说话者和语境的不同而充满变化，并且在音素水平，词的音与义之间的关系又是任意的。在语言产生的过程中，一个意义表征又必须产生合适的随时间变化的语音输出。这时，婴儿必须在没有任何直接反馈的情况下学会说出可以被别人理解的话语（Banich and Mack 2002:147）。

Plaut and Kello（1999）[10] 提出一个音位加工的联结主义网络，在该网络中，音位是一个可习得的内部表征，这个表征在言语产生和理解中可以调节声学的、发音的和语义的表征。该网络模型基于两点假设：一方面，言语产生和理解存在共同的音位表征基础，这些音位表征是在学

---

* 实际上，在表征语言信息时，神经网络模型与传统的符号处理系统最大的不同是它采用的是分布式表征方法。这种分布式表征不仅体现在语义范畴中，也体现在其他范畴比如语形范畴中。例如，英文大写字母 F 和 E 之间的不同在于后者多了一横。照方位表征法，F 和 E 是分别由两个不同的单元来表达的。照分布表征法，F 和 E 可以由多个同样的单元来表达，所不同的是某些单元在表达 E 时被激活，但在表达 F 时被抑制。这样一来，F 和 E 的知识是由多个单元之间激活的关系来表达的（李平，2002）。

习理解成人言语过程中必须完成从声音输入投射成语义的压力下发展起来的，此后，随着言语产生的发展这些音位不断得到强化和调整；另外一个假设是，指导言语产生的反馈来自言语理解系统。实验结果显示，这个网络模型在言语产生和理解方面都取得了良好的效果。它能够模拟儿童语言习得过程中理解先于产生（comprehension precedes production）的过程与机制，而且，该网络模拟的错误言语表现也与儿童语言发展过程中发生的错误比较类似（Banich and Mack，2002:153）。正是由于神经网络在语音识别中具有诸多优点，使得现代语音识别以神经网络技术为主要发展趋势（孙宁等，2006）。[18]

2.3.2　词法水平的加工

传统观点认为语言中一些系统变化的表征和加工有一套明晰的规则。假定语言大多数的领域只是部分具有系统性，那就需要一个分离的机制来处理这些例外。因此在语言加工中，这些处理"规则"的机制和处理"例外"的机制是两个不同的计算机制，该理论被称作"语言的双重路线理论"（"dual-route" theories of language）。

具体到英语中动词过去时的加工，一般认为人脑在加工动词规则变化（如 walk-walked，look-looked）和动词的不规则变化（如 go-went，drink-drank）采用的是双重机制、双重路线*。并且这些分离现象在失语症患者的言语表现上也可找到例证。例如根据 Ullman et al（1997）[14] 的发现，Alzheimer 患者在产生动词过去时的不规则变化时（60% 正确）错误的程度比规则变化时的要严重（89% 正确）。而另外一些学者认为，

---

* Pinker and Prince（1988）也指出人脑在加工英语过去式时运用的是双重机制，针对规则动词（walk-walked）用的是符号主义机制，针对不规则动词（run-ran）用的是神经网络机制（Chang，2002:610）。Marchman（1996）进一步指出，这两类动词在脑中的加工方式也是不一样的，不规则动词是词汇水平的加工，而规则动词则不。例如可以发现这样的现象，有些语言障碍发生时患者运用规则词汇的能力受到损坏而运用不规则词汇能力却得以保留，即虽然不能运用规则动词但他却能正确地运用不规则动词。

只存在单一的加工机制，不同的言语表现是由于影响到同一信息加工机制的不同方面造成的。究竟如何来看待这两种理论的合理性呢？

Joanisse and Seidenberg（1999）设计出一个联结主义网络来模拟动词过去时的加工机制。结果显示，尽管人工神经网络没有相分离的机制，它却能处理两类不同的动词。因此，仅仅通过言语障碍的分离表现并不能证明人脑就一定存在语言加工的双重机制（Banich and Mack，2002:153—158）。

2.3.3　句法水平的加工

在句法加工的水平上，一方面词义确实可能影响句法加工，另一方面句子水平的句法也在影响着单词的意义。比如：

（1）The spy saw the policeman with a revolver.

（2）The spy saw the policeman with binoculars.

（3）The pitcher threw the ball.

比照句（1）和句（2），它们的句法结构表面上是相同的，然而介词短语在各个句子中依附于哪一个名词短语实际上依靠的是词义。根据句尾两个单词词义的不同，在（1）中"with a revolver"依附于"the policeman"，而在（2）中"binoculars"依附于"the spy"。可见，词义的确在影响着句法加工。

句（3）中的单词"pitcher"在词典中实际上有两个意义："（带柄和倾口的）大水罐"和"（棒球）投手"，但在该句法中只有后一个意义"投手"的意思。这个例子再次证明句法影响词义。

这些相关的研究对句法自主性（antonomy of sytax）观点就提出了挑战。在神经网络中，句子理解活动被看作是对各种限制条件的满足过程，在这个过程中来自句法、语义的多种信息实际上在同时起作用。

St. John and McClellad（1990）运用神经网络对句子理解过程的模拟显示，神经网络能够运用语义和句法语境知识来分化词的歧义，能够使模糊的词有个清晰的意义，也能详细说明隐含的题元角色等。神经网络甚至也能理解语义上可产生"花园路径"（garden paths）的句子*，在理解过程中早期的预测可根据后来的证据做出相应的改变。因此，尽管神经网络在理解语言的复杂性方面受到许多限制，但已有研究的确表明，句子理解过程可看作是对句子的各种可能限制条件的满足过程。这种视角也有别于传统把语法看作与其他认知能力相分离的研究视角（Banich and Mack，2002:158-162）。

3 神经网络模型对语言认知研究的推进

对人类认知加工机制感兴趣的学者很早就注意到运用电脑模拟来探索和验证认知加工的一些基本原则（Banich and Mack，2002:143）。近年来人工神经网络在对人类语言认知机制的模拟所取得的进展也给未来的语言认知机制的研究带来许多重要启示。

3.1 网络化与形式化

在语言研究中，越来越多的观点认为必须走形式化的道路。形式化的刻画在自然语言处理方面也作了一定的准备和积累。一些计算机专家和计算建模的学者甚至宣称只要能找出自然语言的规则并做相应形式处理，那么计算机技术就能将其模拟实现（沈家煊，2004）。[17]毫无疑问，这是值得追求的努力方向之一。但人工神经网络对自然语言的模拟表明，语言信息在大脑中存储加工是分布式网络化的运作过程。因此，我们认为，在语言认知研究中应该认识到形式化只是手段，网络化才是语

---

* 花园路径的句子（GPS）是指在对句子开始加工的过程中好像只有一种句法规则，但是句子后来的信息（通常是句末）提示按照原来这种句法规则理解是不正确的，于是不得不改用另一种方式来理解。比如 "The horse raced past the barn fell；The man who hunts ducks out on weekends；Fat people eat accumulates" 等句子就属于 GPS 类型的句子（Timothy, 2003:156）。

言心理表征与加工机制的本质属性。未来的研究应该认识到，在注重语言形式化的同时也需更加关注网络化的研究，形式化的研究也远不能代替对语言脑神经机制本质的认识。

在网络化思想的启发下，一方面根据人脑处理自然语言的工作原理，我们在对语言进行形式化处理时需要考虑到语言加工机制网络化的特点，认识到这一点尤其重要，它意味着我们的形式化是对人脑处理语言机制网络化特性的形式化，是在网络化基础上的形式化；另一方面，在形式化方法上，需要进一步思考运用什么样的工具对语言进行形式化。由于语言本身的模糊性以及在使用中的动态性，传统的数理逻辑方法显然是不够，需要发展新的逻辑方法比如非单调推理、次协调逻辑等方法来对语言进行形式化研究。

3.2 定位论与系统论

唐一源等（2004）[21]指出，"目前汉语认知脑功能成像研究大都着重于脑区功能定位，即单纯确定哪些脑区参与了认知加工，甚至精确到某一 Brodmann 分区或皮层下结构中的不同位置（如 BA45 区的前部或海马的侧部等），但对于从整体和动态角度考察汉语认知过程中参与脑区以及脑区间的反应模式和时空关系，并建立脑内信息加工的相关网络与模型，相对研究还较少"（He et al.，2003）。周昌乐（2003: 18）也提出"即便是简单的感知活动，也绝非只是某一特殊脑结构部位的功能，而是数十个脑结构部位按一定顺序一起参与的结果，所形成的功能模块也会不断发生变换"。

在语言认知心理机制研究中，尽管我们不否认某些功能模块的存在，但事实证明人脑对任一语言信息的加工都是不同脑区或模块分工协作的结果。无论是语言的产生还是语言的理解，都体现了在脑结构集成基础上的功能集成现象（唐孝威，2011:31）。可见语言与认知的研究不能仅局限于语言功能的简单定位，而应有系统网络的思想并注重脑区间的相互关系和网络的系统建模。即使采用了新的实验手段或技术，比如事件相关电位（ERP）或脑功能成像技术（fMRI）技术，如果缺乏系统化的思想，缺乏对语言在脑内信息加工的系统分析，离真正揭示脑的语言认知心理机制也相去甚远。

对比国外的语言加工机制的进展可以看出，以脑功能成像的语言研究为例，目前我国还没有一个专门适合自己的脑功能成像分析处理技术和系统，一般沿用国外现成的图像分析系统，如 AFNI、SPM 等处理分析系统，主要用于脑功能的定位和简单的统计比较。实际上，国外的脑功能成像研究已从简单的脑区定位发展到脑区间的相互关系以及脑内信息加工的时间空间网络建模阶段（唐一源等，2004）。唐孝威（2011:34）指出，脑是集成的统一体。脑内的各个功能系统是脑的集成成分，各个功能系统之间的相互作用是脑内的集成作用，脑所处的身体和体外环境是脑的集成环境。脑内的集成过程是随时间发展的动态过程。

3.3 语言习得：先天还是后天

语言学乃至整个科学研究中总体上以两种哲学思想作为指导：理性主义和经验主义。先天遗传的因素和后天的环境因素在人的认知能力发展中分别起了什么样的作用？在语言学领域，Chomsky 继承笛卡尔的理性主义思想，认为语言具有天生性（innateness）。而自 Skinner 以来的经验主义者认为，语言并非天生的，而是经验刺激的产物。美国著名语言学家 Bloomfield 也持此类观点。那么语言到底是否为天生的或者是否存在天生的成分？

神经网络模型对语言认知能力的模拟研究为这一争论提供了新的证据。余嘉元（2004）[21] 指出，由于神经网络和人一样是从某种初始状态开始，在外界环境的作用下发展了各种认知能力。心理学家运用神经网络已经进行的关于认知发展的研究包括：知觉的恒常性、英语不规则动词过去时的掌握、语言发展和概念的形成、语法结构的获得等。模拟结果显示，复杂的行为可能是由于复杂的相互作用产生的，而不是由于复杂的初始状态产生的。通过神经网络的模拟，心理学家还发现，许多外显的不一致的行为却有相同的内在机制，因此新的行为并不一定意味着新的机制。

基于目前研究我们可以得出这样的结论：语言可能存在先天受基因决定的初始状态。同时人的心理是在遗传和环境的相互作用下发展起来的。未来关于语言先天性的研究，不必着眼于争论先天性是否存在的问题，而应着眼于考察和验证这样的一系列假设：语言能力中哪些是先天的哪些是后天的，语言的初始状态究竟是以怎样的方式存在的，它又是如何运作的。无论是哪种假说，都不能否认人类高级的语言认知功能是脑功能集成作用的结果，因此在一般集成论的关照下讨论和检验这些假说将会得到更有效的启迪。

4 语言认知心理机制研究对神经网络模型的作用

人工神经网络的出现是在人脑处理信息时所具有的特点的启发下形成的。语言作为人类存储和加工信息重要载体，随着认知科学近来的进展，人类在语言认知心理机制的研究方面也取得了一系列新的成果，那么这些进展又会给人工神经网络的研究带来哪些推动作用呢？

4.1 功能模拟与结构模拟

考察以往的神经网络模型可以发现，总体上人工神经网络对人类认知能力的模拟采用两种思路。一种是对人脑认知结构的模拟，另一种是对人脑认知功能的模拟。

Wright & Ahmad（1997: 367）[15] 指出，联结主义（或神经）网络是一种用来模拟真实世界现象的（real-world phenomena）电脑程序和数据库。可见他们在这里强调的是对物质现象的功能模拟。而 Nadeau（2001: 566）[8] 则指出，在建构神经网络模型时通常需要追求神经结构的现实合理性，只有这样做才可能构造出一个可以代表神经结构的模型，而不仅仅构造一个只能用来描述可观察到的行为的具有启发性的装置。可见Nadeau（2001）强调的是对认知神经结构的模拟。

因此，在人工神经网络模型建构过程中，怎样才能做到结构和功能的统一是值得思考的问题。针对目前结构模拟比较薄弱的状况，结合语言认知的特点开展对人脑神经系统的结构模拟的尝试是非常必要的。如Husain et al（2004）[5]就建立了一个包含有初级听觉皮层、次级听觉皮层、三级听觉皮层和前额叶皮层的系统水平的神经网络，该神经网络可以成功模拟人脑对听觉刺激加工的神经机制。

4.2　神经元水平的网络与系统水平的网络

经典神经网络模型主要是在神经元层次上进行的，主要模仿了神经元的群体处理能力。但很明显，在大脑神经元网络系统中，每个神经元本身并没有半点智能和意识能力的，可是通过群体神经元之间的动态相互作用，整个大脑神经网络则表现出种种心智行为（周昌乐，2003：16）。人脑所表现出的整体特性不可能用还原论来解释，"这就同汉语阅读活动一样，单个的笔画与现实世界之间并不存在什么自然的映射关系，而只有在更高的字词、语句等层次上才会有这种映射存在，反映语词与现实世界各部分之间的关系。若要正确理解一部书的内容，就不要也不必设计它的笔画层次"（周昌乐，2003：121）。

基于此，如果考虑到人脑处理语言时所体现出的复杂的心理机制和特点，仅在神经元水平建立神经网络模型显然不够。我们知道，神经元是神经系统的基本单元，其下层结构还有突触分子等更为微观的结构，神经元的组合可以构成简单的网络，如皮层功能柱。类似的网络可以组成局部网络，完成一定运算。许多完成运算的单元可以组成系统，如视觉系统、听觉系统、记忆系统等。整个神经系统（脑）则是由许多开放、复杂的系统组成的（唐一源等，2004）。可见，神经网络的建模需要在更高的层次上（比如系统水平）进行，这样才能真正模拟复杂的自然语言处理的心理机制。

4.3 单一功能的网络与多功能的网络

Kohonen（1990）提出了四种水平的神经网络模型（见 Wright and Ahmad 1997:368）[15]，分别是（1）神经元水平模型（neuronal-lvel models）；（2）网络水平模型（network-level models）；（3）警觉系统水平模型（nervous system-level models）；（4）心智操作模型（mental operation-level models）。我们认为，一方面这四种水平的网络没有分清到底是基于结构的网络还是基于功能的网络；另一方面，目前的人工神经网络大都还是以模拟人脑的单一认知功能为主，一般一个网络只能解决一个问题（周昌乐，2003：12），而神经网络的研究需要考虑到人脑实际神经网络的多种功能特点。

因此，综合上面的研究，我们提出神经网络模拟大致类别和框架（见下图），以加深对人工神经网络的认识，促进研究的不断进展。

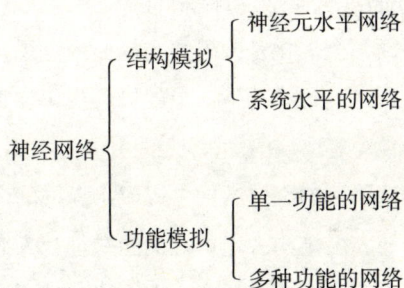

图 4　神经网络模拟的类别框架

5　"一般集成论"观照下的未来研究讨论

5.1 神经网络方面：还原和综合

一般集成论认为，还原的意思是分析统一体中的集成成分。综合的意思是将集成成分的集成为统一体。还原和综合在集成过程中都是不可缺少的（唐孝威，2011：57）。

在研究中学者们发现，制约神经网络发展的一个重要瓶颈是对人脑信息存储和加工的认知心理机制了解的局限。神经网络的另一个不足是缺乏与环境相互作用的机制，难以建立起神经网络中间语言与外部环境语言之间沟通的渠道（周昌乐，2003: 12）。

已有的神经网络与大脑自然的神经信息加工网络（如汉语认知等）有所不同，但二者的共同基础都是神经心理学或神经科学实验数据和实验结果。目前，神经信息学交叉学科的兴起，其许多思路与人工神经网络非常类似（唐一源等，2004: 398）。可见，人工神经网络的未来研究若要有较大进展，如何结合神经信息学的研究成果来突破以上所提到的两方面的限制，无疑是今后需要努力的方向。基于神经生理机制对语言认知的研究体现还原论思想，基于网络结构的重建研究体现综合论思想。

5.2　语言认知方面：全局性和模块性

全局指整个局面，全局化是统筹整个局面的意思。语言的集成过程要求从全局出发，所以既包括自下而上的局部模块加工，也包括自上而下的全局整体（包含一定语境的）加工。

语言理解是指从语言的表层结构中提取出深层的命题结构的一种推理过程，即从语言的表层结构去建构意义的过程。人们理解语言首先要接受由外部输入的语言刺激，然后在心理词典中进行搜索，获得词的知识，再经过句法分析和语义分析，得到句子的意义。因而，语言理解不仅依赖于外部输入的信息，而且依赖于人内部的知识组织、认知结构（张东松等，1996）。[23] 可见，语言加工的过程既包含从下至上的过程（bottom-up process），也包含从上至下的过程（top-down process）。

周昌乐（2003: 53）指出："语篇所传递的信息要远远超过其构成单句所传递的信息之和。尽管一篇是由一个个句子组成的，但语篇的整体意义，绝不是各单个句子意义的简单算术之和，这里面还包括句子之间各种时空、因果和指代等关系，离开了这些关系的重建，任何语言理解的最终解决都是不现实的"。我们认为，这些"时空、指代"关系的理解很大程度上与人脑中固有的经验有关。计算机处理自然语言，也应该具备相关的语境知识，包括语言学的语境知识和非语言学的语境知识。因此，人工神经网络未来的研究进展需要在自上而下的语境加工方面获得突破。

因此，一般集成论中的"全局"与"模块"理论也适用于语言集成现象。

6　结语

当传统的符号处理方法在自然语言处理的某些方面遇到困难而显得能力不足时，神经网络可以作为一个有力的工具来补偿这种不足。经过训练后的网络表现出一定的稳定性和鲁棒性。它不仅能对学过的句子做出正确的分析，而且也能对未学过的、类似的句子表现出一定的认知能力。在这一点上，与人的语言学习是类似的（张东松等，1996）。

但正如 Dominic et al（2002: 441）[3] 指出的那样，神经网络在处理自然语言时也存在一些局限，比如，简单或有限的输入并不能训练出一个有效的网络来处理自然语言（Rohde & Plaut 1999）[10]，而儿童习得语言是基于有限的而且充满错误的言语材料的刺激的基础上的；另外，有限的递归能力（limited recursive capabilities）和缺乏系统性（lack of systematicity）也是其发展中所面临的一个困境。

因此，许多学者提出神经网络和传统的人工智能（AI）之间是一种互补的关系。把神经网络信息处理技术与传统的 AI 有机地结合起来，应是未来研究和建构较完善的自然语言理解系统的方向（Dominic et al, 2002: 441）。

人工神经网络的目标是要模拟和建构人脑认知信息的神经心理机制。但值得一提的，"正因为我们人脑是进化的产物，所以它有认识的局限性，就像老鼠和猴子根本不可能想到量子力学一样，我们人类也可能无法理解存在的某些方面，如精神和物质的关系"（周昌乐，2003：120）。同样的道理，人工神经网络对语言认知心理机制的模拟相对人类智能来说也可能是个值得永远探索的谜。

从研究的进展来看，尽管人工神经网络在模拟语言认知能力方面会不断取得进步，但即使模拟成功也并不等于说计算机就拥有了与人类一样的思维能力。这就有点像计算机模拟气候，人们绝不会认为计算机系统里存在着气候，在目前我们所看到的有关人工神经网络的语言研究都应作如是观。当然，人工神经网络在模拟语言认知能力方面存在缺点和不足，不过，它仍不失为一种研究非线性系统和语言认知系统的有力工具。

参考文献

[1] Banich, M. T., Mack, M. 2002. Mind, Brain, and Language: Multidisciplinary Perspectives, Lawrence Erlbaum Associates[J]. *Inc., Publishers*.

[2] Brown Gordon, D. A. 1997. Connectonism, Phonology, Reading, and Regularity in Developmental Dyslexia, *Brain and Language*, 59: 207–235.

[3] Dominic Palmer-Brown, Johathan, A., Tepper and Heather, M., Powell. 2002. Connectionist natural language parsing[J]. *Trends in Cognitive Sciences*, 6, 10: 437–442.

[4] Chang, Franklin. 2002. Symbolically speaking: a connectionist model of sentence production[J]. *Cognitive Science*, 26: 609–651.

[5] Husain, F. T., Tagamets, M.-A.,Fromm, S. J., Braun, A. R., Horwitz, B. 2004. Relating neuronal dynamics for auditory object processing to neuroimaging activity: a computational modeling and an Fmri study[J]. *NeuroImage* 21: 1701–1720.

[6] Marchman, V. A. 1996. Language learning and relearning: a connectionist view[J]. *Infant Behavior and Development, Volume*, 19, Supplement 1, 4: 181.

[7] Montesi Danilo. 1996. Heterogeneous knowledge representation: integrating connectionist and symbolic computation[J]. *Knowledge-Based Systems*, 9: 501−507.

[8] Nadeau, S. E. 2001. Phonology: A Review and Proposals from a Connectionist Perspective[J]. *Brain and Language*, 79: 511−579.

[9] Parisi, D. 1997. An Artificial Life Approach to Language[J]. *Brain and Language*, 59: 121−146.

[10] Plaut, D. C. and Kello, C. T. 1999. The interplay of speech comprehension and production in phonological development: A forward modeling approach. In B. Mac Whinney (Ed.), The emergence of language (381−415). Mahwah, NJ: Lawrence Erlbaum Associates.

[11] Rohde Douglas, L. T., Plaut David, C. 1999. Language acquisition in the absence of explicit negative evidence: how important is starting small?[J]. *Cognition*, 72: 67−109.

[12] Schnitzer, M. L., Pedreira, M. A. 2005. A neuropsychological theory of metaphor[J]. *Language Sciences*, 27: 31−49.

[13] Timothy, B. J. 2003. *The Psychology of language*[M]. Pearson Education Asia Limited and Peking University Press.

[14] Ullman, M. T., Corkin, S., Coppola, M., Hicock, G., Growdon, J. H., Koroshetz, W. J., Pimker, S. 1997. A Neural Dissociation within Language: Evidence that the mental dictionary is part of declarative memory and that grammatical rules are processed by the procedural system[J]. *Journal of Cognitive Neuroscience*, 9: 266−276.

[15] Wright, J. F. and Ahmad, K. 1997. The connectionist Simulation of Aphasic Naming[J]. *Brain and Language*, 59: 367−389.

[16] 李平 . 2002. 语言习得的联结主义模式 [J]. 当代语言学 , 3.

[17] 沈家煊 . 2004. 人工智能中的 "联结主义" 和语法理论 [J]. 外国语 , 3.

[18] 孙宁 , 孙劲光 , 孙宇 . 2006. 基于神经网络的语音识别技术研究 [J]. 计算机与数字工程 , 3: 58−31.

[19] 唐孝威 . 2011. 一般集成论——向脑学习 [M]. 杭州：浙江大学出版社 .

[20] 王初明 . 2001. 解释二语习得 . 连接论优于普遍语法 [J]. 外国语 , 5.

[21] 余嘉元 . 2004. 认知心理学与神经网络 [M]. 唐一源 , 唐焕文 , Xujun Liu . 2004. 周志华 , 曹存根（主编）. 2004. 神经网络及其应用 [M]. 北京:清华大学出版社 .

[22] 周昌乐 . 2003. 心脑计算举要 [M]. 北京：清华大学出版社 .

[23] 张东松 , 陈永明 , 喻柏林 . 1996. 汉语句子格角色分配的一种神经网络方法 [J]. 心理学报 , 1.

（原载于《南京航空航天大学学报》(社会科学版) 2010 年第 1 期，第 75—79 页，选入本论文集时略有改动）